Das Bandmaschinenbuch

Gerd Weichhaus

DAS BANDMASCHINENBUCH

Impressum

Bibliografische Information der Deutschen Nationalbibliothek:
Die Deutsche Nationalbibliothek verzeichnet diese Publikation in der
Deutschen Nationalbibliografie; detaillierte bibliografische Daten sind im
Internet über http://dnb.dnb.de abrufbar.

© 2021 Gerd Weichhaus

Coverbild: Gerd Weichhaus

Illustrationen: Isabel Wirdl-Weichhaus

Alle Rechte liegen beim Autor

Autor und Verlag übernehmen für die Richtigkeit aller Angaben und Hinweise
sowie für Druckfehler keinerlei Haftung, eine Haftung des Autors oder
Verlages für Personen- oder Sachschäden ist ausgeschlossen.

Herstellung und Verlag: BoD – Books on Demand, Norderstedt

ISBN: 978-3-7543-0122-7

Vorwort

Tonband im 21. Jahrhundert? Es gibt doch mittlerweile ganz andere
Techniken, um Sprache, Klänge oder Musik aufzuzeichnen und
wiederzugeben. Jedes Smartphone ist heute in der Lage,
Audioaufzeichnungen in einer sehr hohen Qualität anzufertigen und
abzuspeichern. Eine winzig kleine Speicherkarte reicht aus, um
etliche Stunden Sprache oder Musik aufzunehmen. Schließlich sind ja
auch Videoaufnahmen mit den Geräten problemlos möglich. Sollte
man sich dann überhaupt noch mit einer antiquierten Technik wie
Tonbändern befassen? Und wenn ja, warum ausgerechnet
Tonbänder und Tonbandgeräte?

Wenn Sie sich nun doch für diese oft als antiquiert bezeichnete
Technik interessieren, sind Sie hier richtig. Dieses Buch zeigt Ihnen
auf, wie interessant die Tonbandtechnik auch in der heutigen Zeit
noch ist. Schließlich ist es noch Mechanik, um die es hier neben der
Elektronik geht. Man sieht an bzw. in den Geräten etwas arbeiten.
Die Tonbandgeräte sind zudem so aufgebaut, dass sie sich im Falle
eines Defektes meistens noch reparieren lassen. Damit haben sie
einen großen Vorteil gegenüber vielen moderneren Geräten, die oft
quasi als Wegwerfartikel konzipiert wurden. Die Tonbandtechnik ist
in der Tat noch „Technik zum Anfassen" schließlich müssen die
Spulen aufgelegt und die Bänder eingefädelt werden, ein Vorgang,
den viele (vor allem jüngere) Menschen gar nicht mehr kennen.
Wenn überhaupt, kennt man vielleicht noch die gute alte „Compact
Cassette", die ebenfalls schon zu den längst antiquierten Techniken
gehört und nach dem gleichen Grundprinzip arbeitet wie das gute
alte Tonband.

Die Tonbandtechnik lebt auch in der heutigen Zeit von digitaler
Aufzeichnung noch. Das beweisen die vielen Interessenten, die an
der guten alten Technik interessiert sind und die Tonbandmaschinen
hegen und pflegen sowie im Falle eines Defektes wieder reparieren
und aufbereiten. Es ist eine Technik, die in einem gewissen Gegensatz

zur Moderne steht, da sie noch einen nachvollziehbaren Aufbau besitzt. Die Funktion der Mechanik kann mit etwas technischem Verständnis gut nachvollzogen werden, ebenso die Funktionsweise der Elektronik in einem Tonbandgerät. Damit hat sie der modernen und digitalen Technik einiges voraus, die zumindest vom Aufbau her nur noch als ein abstraktes Etwas zu sehen ist, das viele Mikrochips enthält, deren Funktion meistens noch nicht einmal bekannt ist (höchstens dem Hersteller des Gerätes oder Mikrochips). Geht an einem Tonbandgerät etwas kaputt, lassen sich die Teile meist ohne Weiteres auswechseln. Das Problem dürfte eher die Beschaffung von gerätespezifischen Ersatzteilen für die Mechanik sein. Bei den elektronischen Bauteilen handelt es sich meistens um Standardbauteile, selbst die Antriebsriemen sowie weiteres Zubehör findet man zumindest noch online in diversen Shops.

Doch es muss ja nicht gleich die Reparatur sein. Vielleicht schlummert auch in Ihrem Keller oder auf dem Dachboden noch ein altes Gerät, das bereits seit vielen Jahrzehnten darauf wartet, wieder einmal in Betrieb genommen zu werden. Möglicherweise besitzen Sie sogar noch einige Tonbandaufnahmen aus längst vergangenen Zeiten, die Sie sich noch einmal gerne anhören möchten. Vielleicht hilft Ihnen dieses Buch dabei, die alte Technik wieder in Betrieb zu nehmen oder sogar Ihr Interesse an einer lange nicht mehr benutzten Technik (wieder) zu wecken.

Sicherheitshinweise

Denken Sie auch beim schönsten Hobby immer zuerst an die eigene Sicherheit. Wenn Sie alte Tonbandgeräte reparieren wollen, haben Sie es mit lebensgefährlichen Spannungen im Inneren der Geräte zu tun. Denken Sie immer an den Hinweis, der auf der Rückwand steht:

Vor dem Öffnen des Gerätes den Netzstecker ziehen.

Sollten Sie einmal beabsichtigen, Tonbandgeräte zu reparieren und möglicherweise im geöffneten Zustand in Betrieb zu nehmen, denken Sie unbedingt immer zuerst an die eigene Sicherheit. Es kann vonseiten des Autors oder Verlages keinerlei Haftung für Schäden an Personen, Geräten oder sonstigen Dingen übernommen werden.

Setzen Sie sich unbedingt mit den entsprechenden Sicherheitsmaßnahmen oder Sicherheitsvorschriften auseinander, bevor Sie sich mit der Reparatur und der Wiederinbetriebnahme von elektrischen oder elektronischen Geräten beschäftigen.

Ein paar notwendige Hinweise:

Das vorliegende Buch wurde mit großer Sorgfalt geschrieben, die darin enthaltenen Informationen wurden nach bestem Wissen und Gewissen erarbeitet und, soweit möglich, in der praktischen Arbeit überprüft. Dennoch übernehmen der Autor und der Verlag für die Richtigkeit sämtlicher Angaben oder Hinweise keine Haftung, ebenso wenig für eventuelle Druckfehler.

Noch ein wichtiger Hinweis zum Inhalt dieses Buches:

Dieses Tonbandbuch befasst sich größtenteils mit solchen Tonbandgeräten, die man heute als Consumergeräte bezeichnen würde. High-End-Bandmaschinen wie solche von Nagra oder Studer bzw. Revox oder Informationen dazu werden Sie in diesem Buch nicht finden. Dafür geht es mehr um die Grundlagen sowie die Technik der Tonbandgeräte, die Ihnen mit diesem Buch näher gebracht werden soll.

Inhaltsverzeichnis

Technik
wie geht
sz?

Kapitel 1: Einführung in die Tonbandtechnik

Einige Menschen mögen sich fragen, warum jemand in der heutigen Zeit noch ein Tonbandbuch verfasst, eine Technik, die im Allgemeinen als veraltet und antiquiert gilt. Ich könnte genauso gut die Gegenfrage stellen, warum eigentlich nicht? Schließlich handelt es sich um eine interessante Technik, die auch heute noch viele Fans hat, und das nicht ohne Grund. Schließlich sind die imposanten Maschinen mit den großen Spulen nicht nur optische Hingucker, wenn es sich um entsprechend aufgebaute Tonbandgeräte handelt. Sie bieten auch in der heutigen Zeit noch einen hervorragenden Klang, gut gemachte Aufnahmen und eine hochwertige Technik vorausgesetzt. Außerdem sollte noch auf einen sehr wichtigen Umstand hingewiesen werden: Die Tonbandtechnik war praktisch die erste Möglichkeit für die Menschen, einmal ihre eigene Sprache selbst beliebig oft auf ein Medium aufzuzeichnen und jederzeit wiederzugeben.

1.1 Der erste Massenspeicher für die Massen

Die Tonbandtechnik kann tatsächlich als der erste Massenspeicher bezeichnet werden, der für einen größeren Menschenkreis erhältlich war. Es gab zwar schon Schallplatten oder diverse andere Aufzeichnungsmöglichkeiten für Töne, allerdings war die

Aufnahmetechnik der Schallplatten für die meisten Menschen nicht zugänglich. Es änderte sich erst mit der Tonbandtechnik bzw. der Magnetbandaufzeichnung, wie diese Technik heute oft bezeichnet wird und die im späteren Verlauf auch zur Aufzeichnung von Videosignalen sowie Computerdaten dienen sollte. Doch zurück zur Tonaufzeichnung mit Tonbandgeräten. Es begann in der Mitte des vergangenen Jahrhunderts mit den ersten im Handel erhältlichen Tonbandgeräten für den (heute so bezeichneten) Consumermarkt, also praktisch für jedermann. Zum ersten Mal gab es elektronische Geräte, mit denen die eigene Stimme aufgenommen und jederzeit wiedergegeben werden konnte.

1.1.1 Sehr altes Tonbandgerät aus den 1950er Jahren (Philips)

Ein weiterer wichtiger Vorteil der Tonbandtechnik bestand (und besteht) darin, die Aufnahme jederzeit wieder löschen und neue Aufnahmen anfertigen zu können. Damit war das Tonbandgerät einigen anderen Aufzeichnungsarten wie beispielsweise der damals ebenfalls gängigen Schallplatte um einiges voraus. Vielleicht ist dies ja schon Grund genug, sich auch heute noch mit dieser interessanten Technik zu beschäftigen.

1.2 Tonbandgeräte heute noch nutzen?

Kann man auch heute Tonbandgeräte noch benutzen und lohnt sich das überhaupt? Auch wenn es sich um eine aus heutiger Sicht relativ umständliche Technik handelt, ist die Tonbandtechnik dennoch (oder vielleicht auch gerade deshalb) interessant für viele Menschen. Einer der Gründe besteht möglicherweise darin, noch vorhandene und sehr alte Aufnahmen aus den 1950er, 1960er oder 1970er Jahren noch einmal abzuhören oder diese Aufnahmen zu digitalisieren, also auf modernere Speichermedien zu überspielen. Es geht also erstmal um einen konkreten Anwendungszweck bzw. um einen konkreten Grund, ein altes Tonbandgerät samt Tonbänder noch einmal aus dem Keller oder vom Dachboden zu holen und in Betrieb zu nehmen. Aus diesem konkreten Grund wird aber nicht selten ein längst vergessen geglaubtes oder sogar ein ganz neues Interesse an dieser Technik geweckt. Vielleicht interessieren Sie sich auch schon länger für diese Technik und suchen nach einer einfachen Möglichkeit, entweder bestehende Aufnahmen noch einmal hörbar zu machen oder vielleicht sogar ganz neu in die Magnetbandtechnik einzusteigen. Dabei soll Ihnen dieses Buch helfen. Es soll Ihnen die Grundlagen vermitteln, die zu einem wesentlich besseren Verständnis der Tonbandtechnik beitragen und nicht zuletzt auch das Interesse an der Tonbandtechnik (wieder) zu erwecken.

1.3 Die ersten Informationen zur Tonbandtechnik

Wie Sie möglicherweise wissen, werden bei der Tonbandtechnik Sprache und Musik in Form von elektrischen Impulsen über einen Tonkopf auf ein Magnetband aufgezeichnet. Doch wie funktioniert das eigentlich genau? Darum soll es an dieser Stelle gehen. Das Tonbandgerät, um das es in diesem Buch geht, arbeitet mit der analogen und magnetischen Aufzeichnung von analogen Audiosignalen, also in elektrische Signale umgewandelte Klänge.

Beginnen wir am besten beim Ton selbst, der beispielsweise durch ein Mikrofon in elektrische Impulse umgewandelt wird. Diese elektrischen Signale werden zunächst mithilfe eines Verstärkers in ihrer Stärke erhöht und anschließend einem Tonkopf zugeführt. Der Tonkopf erzeugt nun aus den elektrischen Impulsen magnetische Wechselfelder. Diese gelangen auf ein mit einer konstanten Geschwindigkeit vorbeilaufendes Magnetband, das je nach Intensität der elektrischen Impulse und damit der magnetischen Wechselfelder magnetisiert wird. In Abbildung 1.3.1 sehen Sie eine skizzierte Darstellung dieses Vorgangs.

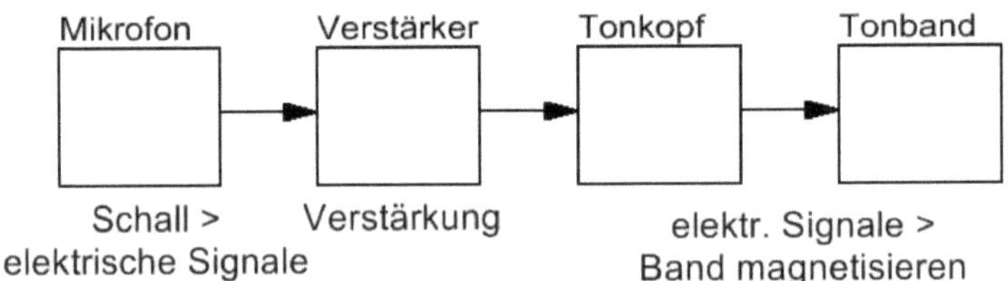

1.3.1 Skizzierte Aufnahme eines Tonbandes

Die ehemals als Klänge aufgenommenen und anschließend in elektrische und schließlich in magnetische Wechselfelder aufgezeichneten Informationen bleiben in dieser Form auf dem Band gespeichert. Damit das Ganze schließlich wieder in Töne umgewandelt werden kann, erfolgt die Wiedergabe quasi in umgekehrter Reihenfolge wie die Aufzeichnung. Die auf dem Band magnetisch gespeicherten Informationen laufen wieder am Tonkopf vorbei (natürlich mit exakt der gleichen Geschwindigkeit). Dabei wandelt der Tonkopf die magnetisch gespeicherten Informationen wieder in elektrische Impulse um. Diese werden nun erneut durch mehrere Verstärkerstufen verstärkt. Das ist notwendig, da die durch den Tonkopf und die magnetischen Informationen gespeicherten Klangsignale äußerst gering sind. Am Ende gelangen die Impulse wieder zu einem Lautsprecher, durch den die elektrischen Impulse wieder in Töne umgewandelt werden. In Abbildung 1.3.2 sehen Sie eine schematische Darstellung während der Wiedergabe eines Tonbandes.

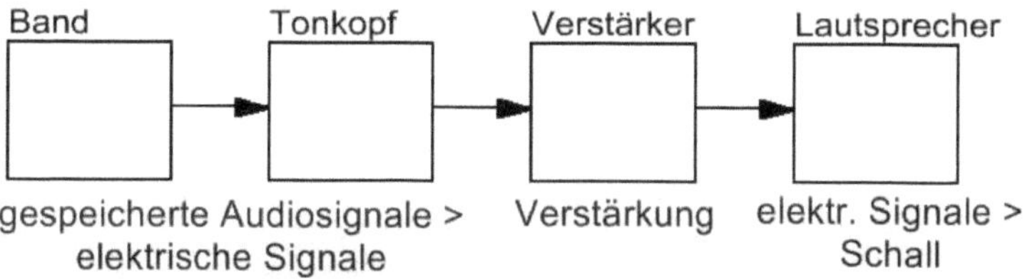

1.3.2 Skizzierte Wiedergabe eines Tonbandes

Im Prinzip ist das Tonband also eine relativ einfache Sache, zumindest theoretisch. In der Praxis sieht das natürlich etwas anders aus. Nicht umsonst besitzen viele Tonbandgeräte einen recht komplizierten Aufbau und zahlreiche Zusatzfunktionen. Viele der Geräte besitzen beispielsweise Ausstattungsmerkmale wie mehrere Bandgeschwindigkeiten, mehrere Aufzeichnungsspuren in Mono oder Stereo und zahlreiche andere Funktionen. Vom Prinzip her funktioniert die Tonaufzeichnung mithilfe eines Tonbandgerätes aber immer auf die eben beschriebene Art und Weise, zumindest bei der analogen Klangaufzeichnung auf Magnetband.

Das Tonband bzw. das Bandmaterial ist natürlich dabei eine der wichtigsten Komponenten. Damit das ganze System noch einmal verständlich wird, sehen Sie in der folgenden Abbildung 1.3.3 den Bandlauf eines Tonbandgerätes anhand eines konkreten Beispiels. Die einzelnen Komponenten, die das Band dabei durchläuft, sind durch Nummern gekennzeichnet. Im Anschluss an die Abbildung finden Sie dann die entsprechenden Bezeichnungen der einzelnen „Stationen" des Tonbandes auf seinem Weg von der einen Bandspule zur anderen. Doch sehen Sie sich zunächst die Abbildung 1.3.3 an:

1.3.3 Bandlauf in einem Tonbandgerät (Philips N4511)

Nun zu den Erläuterungen der einzelnen Komponenten und deren Bedeutung bei der analogen Klangaufzeichnung auf das Magnetband:

1. Die linke Spule enthält das Bandmaterial, das durch das Tonbandgerät läuft und dabei entweder aufgenommen oder wieder abgespielt wird. Man nennt das auf der Spule enthaltene Bandmaterial häufig auch Bandwickel.

2. Bevor das Bandmaterial an den Tonköpfen vorbeiläuft, passiert es in der Regel zunächst eine Umlenkrolle bzw. einen Umlenkdorn. Diese bzw. dieser dient dazu, das Band sozusagen in die richtige Position zu bringen, sodass es nirgendwo schleift. Viele Bandmaschinen enthalten hier zusätzlich noch einen elektrischen Kontakt, durch den mithilfe einer elektrisch leitenden Beschichtung auf dem Bandmaterial am Anfang und am Ende des Bandes ein Stromkreis geschlossen wird. Es handelt sich hierbei um die sogenannte Schaltfolie. Das Bandgerät „weiß" durch diese Schaltfolie, wann das Band zu Ende ist. Doch dazu folgen später noch weitere Informationen.

3. Die nächste Station ist der Löschkopf. Dieser dient dazu, einerseits eventuell auf dem Band bereits vorhandene Aufnahmen zu löschen, um es für die folgende Tonaufnahme bereit zu machen. Andererseits dient der Löschkopf zur sogenannten Vormagnetisierung des Bandes. Was es damit genau auf sich hat, erfahren Sie ebenfalls später noch.

4. Danach folgt der Aufnahmekopf, häufig wird er auch als Sprechkopf bezeichnet. Er dient dazu, das Band mit den gewünschten Klängen zu bespielen, das Bandmaterial also entsprechend den Klanginformationen zu magnetisieren.

5. Danach folgt der für Kopf bzw. Wiedergabekopf. Dieser wird benötigt, um das bespielte Band wieder abzuspielen. Bei vielen Tonbandgeräten (auch das im Bild gezeigte) kann die

Aufnahme sogar direkt abgehört werden, während sie mithilfe des Aufnahmekopfes vorgenommen wird. Man nennt dies auch Hinterbandkontrolle. Diese Funktion bieten allerdings nicht alle Tonbandgeräte. Viele der Geräte besitzen einen kombinierten Aufnahme- und Wiedergabekopf.

6. Der Capstan bzw. die Capstanwelle ist eine sehr wichtige Einrichtung an einem Tonbandgerät. Zusammen mit der Andruckrolle dient diese Einrichtung dazu, das Band möglichst gleichmäßig an den Tonköpfen vorbeilaufen zu lassen. Mithilfe dieser Einrichtung ist es möglich, die Bandgeschwindigkeit unabhängig von der Menge des Bandes auf dem rechten Bandwickel mit einer gleichmäßigen Geschwindigkeit transportieren. Wie das genau funktioniert, werden Sie ebenfalls noch später in diesem Buch erfahren.

7. Die Andruckrolle dient dazu, das Band mit einem gewissen Druck an den Capstan zu drücken. Dadurch kann das Band nicht gezogen von der rechten Bandspule mit einer zu hohen Geschwindigkeit an den Tonköpfen vorbeilaufen. Damit das Band möglichst schonend transportiert wird, besteht die Andruckrolle aus einem weichen Gummi.

8. Nun folgt noch die letzte Station vor dem rechten Bandwickel in Form einer weiteren Bandführung.

9. Auf der rechten Spule wird das zuvor aufgenommene oder abgespielte Band schließlich wieder aufgespult.

1.4 Capstan und Andruckrolle

Wenn Sie schon einmal ein Tonbandgerät während des Betriebs beobachtet haben, werden Sie feststellen, dass sowohl die linke als auch rechte Bandspule keine konstanten Geschwindigkeiten haben. Die linke Bandspule dreht sich am Bandanfang (wenn sie noch voller Band ist) etwas langsamer und wird später schneller. Bei der rechten Spule ist es genau umgekehrt. Diese Tatsache ist darauf zurückzuführen, dass das Band mit einer konstanten Geschwindigkeit durch den Capstan und die Andruckrolle transportiert wird. In der folgenden Abbildung 1.4.1 sehen Sie einen Capstan und die Andruckrolle, welche bei der Aufnahme und Wiedergabe eines Bandes durch eine Feder an den Capstan gedrückt wird.

Während des Umspulens eines Tonbandes wird die Andruckrolle nicht gegen den Capstan gedrückt. Dadurch kann das Band beim Umspulen auch mit sehr hoher Geschwindigkeit an den Bandführungen vorbeilaufen, ohne quasi durch den Capstan und die Andruckrolle ausgebremst zu werden.

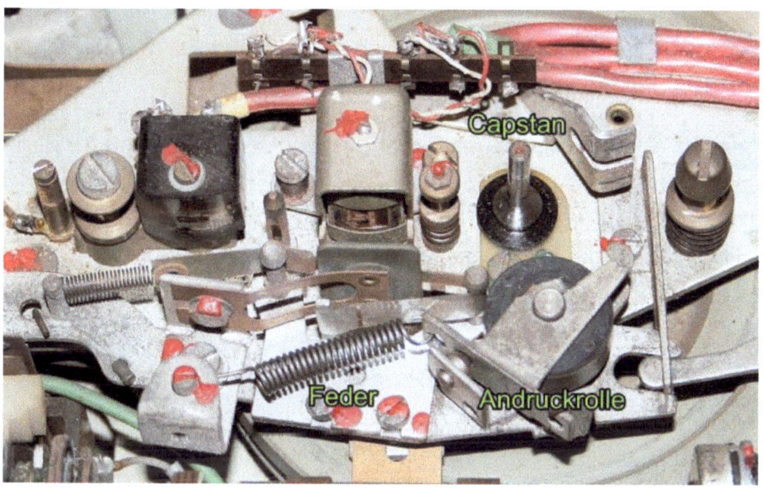

1.4.1 Capstan, Feder und Andruckrolle in einem Tonbandgerät (Grundig)

Der Capstan wird übrigens mit konstanter Geschwindigkeit durch einen Motor angetrieben. Damit die Drehzahl dieser Welle (häufig wird sie auch als Tonwelle bezeichnet) möglichst geringen Schwankungen unterliegt, ist sie in der Regel mit einer schweren Schwungmasse (der Schwungscheibe oder dem Schwungrad) gekoppelt. In der Abbildung 1.4.1 können Sie die Schwungmasse unterhalb der Tonwelle sehen.

Der Capstan ist für den möglichst schonenden Transport des Bandes mit einer polierten Oberfläche versehen. Es gibt nur wenige Ausnahmen bei Tonbandgeräten, die mit geriffelten Capstanwellen ausgestattet sind, darunter einige Tonbandgeräte von Saba. Beim Bandtransport sollte es möglichst zu keinen Unregelmäßigkeiten kommen, die sich sonst durch Störungen bei der Gleichmäßigkeit des Bandlaufs und den damit verbundenen Tonhöhenschwankungen bemerkbar machen würden. Bedingt durch den gleichmäßigen Bandtransport und die nicht konstante Geschwindigkeit der rechten Bandspule, muss die Drehzahl der rechten Bandspule beim Aufspulen des gerade aufgenommenen oder abgespielten Bandes mithilfe einer Rutschkupplung ausgeglichen werden.

Übrigens ist der Capstan häufig zumindest mitverantwortlich für den berüchtigten Bandsalat bei Tonband- und Kassettengeräten. Dieser Bandsalat kann zum Beispiel auftreten, wenn das vom Bandlauf transportierte Band nicht mehr korrekt durch die rechte Bandspule aufgewickelt wird. Ein Bandsalat entsteht aber auch dann, wenn das Band infolge von Verunreinigungen entweder am Capstan oder an der Andruckrolle hängen bleibt. Übrigens gibt es auch Tonbandgeräte ohne Andruckrolle. Bei diesen Exemplaren wird das Band während der Aufnahme oder Wiedergabe mithilfe einer sogenannten Omega-Umschlingung um den Capstan gelegt, sodass die Geschwindigkeit des Bandlaufs auch ohne den Druck einer Andruckrolle gewährleistet werden kann. Der Capstan besitzt dazu eine speziell präparierte

Oberfläche. Ein Beispiel für ein solches Gerät war das Uher SG 630. Allerdings sind solche Geräte sehr selten.

1.5 Was Sie bei der Nutzung von Tonbandgeräten beachten sollten

So einfach die Grundfunktion bzw. das Grundprinzip eines Tonbandgerätes ist, so einfach ist auch dessen Bedienung, zumindest prinzipiell. Dennoch sollten Sie einige Dinge beachten, damit Sie stets gute Aufnahmen machen und auch später anhören können. Das Bandmaterial sollte schonend behandelt und richtig gelagert werden. Ähnliches gilt natürlich auch für das Tonbandgerät, das Ihnen nur bei richtiger Aufbewahrung und Nutzung für eine lange Zeit Freude bereitet. Leider werden einige wichtige Anwendungshinweise oft nicht beachtet, gerade was die Lagerung des Bandmaterials und des Gerätes angeht. Schon oft wurde festgestellt, dass alte Geräte samt Bandmaterial gesichtet wurden und sowohl das Gerät selbst als auch das Bandmaterial deutliche Lagerungsspuren oder sogar starke Beschädigungen aufwiesen. Um solche Schäden zu vermeiden, sollten Sie sowohl bei der Lagerung als auch bei der Benutzung einige Hinweise beachten.

So sollte beispielsweise die Lagerung von Tonbändern am besten unter solchen Umgebungsbedingungen erfolgen, die eine möglichst konstante Lagertemperatur und Luftfeuchtigkeit aufweisen. Es kommt hier nicht auf wenige Grad an Temperaturunterschied oder ein paar Prozent relativer Luftfeuchtigkeit an. Allerdings wirken sich gerade zu hohe Temperaturen oder eine zu hohe Luftfeuchtigkeit negativ auf die Eigenschaften des Materials und der Spulen aus.

Generell gilt, dass die Bänder am besten unter solchen Bedingungen gelagert werden sollten, unter denen sich auch die meisten Menschen wohlfühlen. Günstige Temperaturen liegen bei etwa 20 Grad Celsius, als Werte für die relative Luftfeuchtigkeit gelten solche zwischen etwa 40 und 60 Prozent als geeignet. Allerdings sind dies nur ungefähre Richtwerte.

Es hat auch schon Fälle gegeben, in denen das Bandmaterial alles andere als günstig gelagert wurde, beispielsweise in einem relativ feuchten und kühlen Keller. Trotz mehrere Jahrzehnte bei ungünstigen Lagerungsbedingungen war das Bandmaterial aber noch nutzbar. Andere Bänder dagegen können auch bei wesentlich günstigeren Lagerungsbedingungen bereits nach wenigen Jahren unbrauchbar werden. Es hängt nicht zuletzt auch von der Qualität des Bandmaterials ab. Auf diese haben Sie allerdings, sofern Sie nicht gerade neues Bandmaterial in einer vernünftigen Qualität kaufen, kaum eine Möglichkeit der Beeinflussung.

Ob die Bänder nun stehend oder liegend gelagert werden, darüber gibt es mehrere Meinungen. In den meisten Fällen werden die Spulen in Kunststoffschubern oder Pappschachteln untergebracht und dann stehend (wie Schallplatten in ihren Hüllen) gelagert. Einige Leute verpacken die Bandspulen sogar noch separat in kleinen Plastiktüten, bevor Sie diese in die Schachteln legen. Das ist aber nicht unbedingt notwendig.

Mindestens ebenso wichtig wie die richtige Lagerung ist auch die Verwendung des Bandmaterials. Hierzu sollten Sie ebenfalls einige Hinweise beachten:

-   Berühren Sie das Bandmaterial nur so wenig wie möglich und nur mit sauberen Fingern.

- Halten Sie das Bandmaterial unbedingt fern von magnetischen Feldern, die beispielsweise durch Lautsprecher erzeugt werden. Auch Transformatoren in unmittelbarer Nähe oder auf den Bändern abgelegte Kopfhörer können solche Magnetfelder erzeugen und sich negativ auf die Aufnahmen und deren Qualität auswirken.
- Vermeiden Sie unbedingt einen zu starken Zug auf die Bänder, beispielsweise beim Einfädeln oder durch die Verwendung in defekten Tonbandgeräten.
- Dass an das Band keinerlei Schmutzpartikel gelangen sollten, versteht sich wohl von selbst.
- Lassen Sie die Bandspule nach Möglichkeit nicht auf der Maschine, wenn diese keinen Staubschutz aufweist. Vermeiden Sie unbedingt zu starke Staubablagerungen auf dem Bandmaterial.
- Verwenden Sie auf der Rückseite beschichtetes Bandmaterial nur auf den dafür geeigneten Tonbandmaschinen.
- Legen Sie nach Möglichkeit nicht mehrere Bandspulen direkt übereinander (zumindest nicht für längere Zeit).
- Kleben Sie die Bänder nur mit geeigneten Klebestreifen (zum Beispiel mithilfe eines entsprechenden Sets).
- Vermeiden Sie die Einwirkung von starken Reinigungsmitteln oder Chemikalien auf die Tonbänder.

Im Allgemeinen gelten die Tonbandspulen als relativ unanfällig und sehr anspruchslos bei der Lagerung und Verwendung. Es handelt sich tatsächlich um sehr lange haltbare Speichermöglichkeiten, ganz im Gegensatz zu vielen moderneren und digitalen Speichermedien. Wenn Sie die genannten Hinweise sorgfältig beachten, sollten Sie, eine vernünftige Bandqualität vorausgesetzt, eine sehr lange Zeit Freude an Ihren Tonbändern haben. Gut gelagert wie die in Abbildung 1.5.1 zu sehenden Bänder halten diese auch problemlos mehrere Jahrzehnte und können auch nach 40 oder 50 Jahren in der Regel noch ohne größere Wiedergabeprobleme mit einem funktionsfähigen und ebenfalls gut gereinigten Tonbandgerät abgespielt werden.

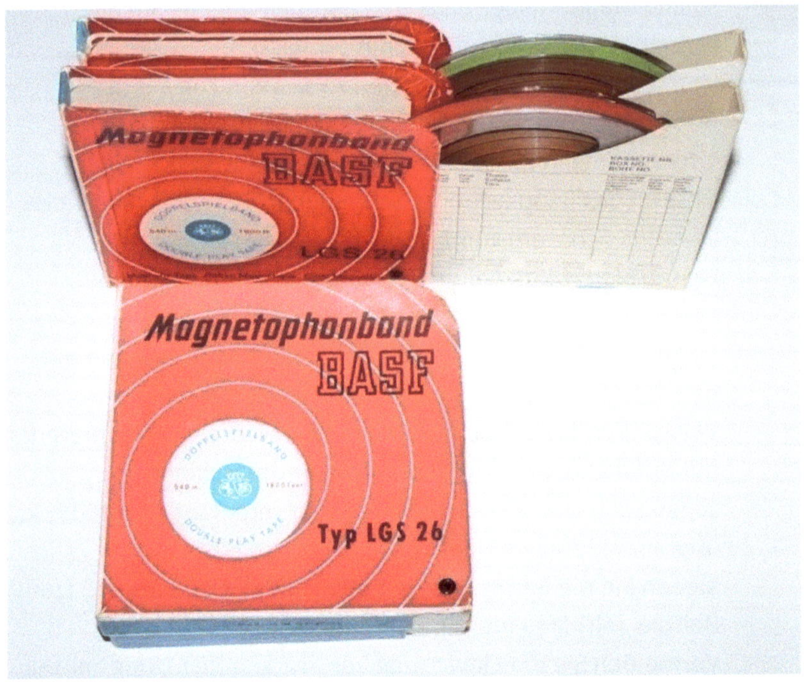

1.5.1 Tonbänder in ihren Originalkartons stehend lagern

Selbst ein Band mit schon deutlich sichtbaren Ablagerungen kann in der Regel noch einmal gereinigt und zumindest noch zur Sicherung der Aufnahmen einmal oder sogar mehrere Male abgespielt werden.

Die Bandmaschinen benötigen ebenfalls eine gewisse Pflege und eine regelmäßige Reinigung, damit die Aufnahme sowie die Wiedergabe der Bänder jederzeit vernünftig erfolgen kann. Die Beschaffung von Ersatzteilen im Falle eines Defekts ist heute leider sehr schwierig geworden, weshalb es umso wichtiger ist, die Maschinen möglichst lange in einem betriebsbereiten Zustand zu erhalten. Ein wichtiger Bestandteil davon ist es, das Tonbandgerät möglichst gut zu pflegen und sorgfältig aufzubewahren, wenn es einmal längere Zeit nicht benutzt wird. Vermeiden Sie unbedingt die Aufstellung der Geräte in feuchten Kellerräumen oder einer anderen Art von ungeeigneter Umgebung. Sowohl bei der Benutzung als auch bei der sonstigen Behandlung sollten Sie einige Tipps und Hinweise beachten:

- Lassen Sie gerade Geräte mit einer sehr großen Wärmeentwicklung nicht allzu lange am Stück laufen. Kommt es zu ständigen Temperaturwechseln im Inneren, können die Steckkontakte oder Lötstellen im Inneren des Gerätes dadurch beeinträchtigt werden.
- Achten Sie immer darauf, dass sich auf dem Gerät keine allzu dicke Staubschicht absetzt. Entfernen Sie den Staub also öfter mal zwischendurch. Gleiches gilt natürlich auch für andere Arten von Verschmutzungen, die Sie regelmäßig von den Geräten entfernen sollten.
- Betreiben Sie Geräte für den stehenden Betrieb auch immer stehend (im Zweifelsfall in der Bedienungsanleitung nachsehen), ältere Geräte in Kofferform dagegen werden in der Regel liegend betrieben. Halten Sie sich unbedingt an die vorgeschriebene Betriebsart.
- Einige Geräte (besonders die mit nur einem Antriebsmotor) besitzen eine sehr komplizierte Mechanik. Diese Geräte sollten nach Möglichkeit nicht über längere Zeit unbenutzt herumstehen.
- Vermeiden Sie typische Bedienfehler wie etwa das Vorspulen des Bandes direkt am Bandende sowie das Rückspulen direkt am Bandanfang. Dadurch werden die Antriebsmotoren des Gerätes und die Antriebsriemen nur unnötig stark belastet.

- Wenn das Gerät über mehrere Bandgeschwindigkeiten (dazu später mehr) verfügt, schalten Sie diese je nach Bauart bzw. nach den Vorgaben des Herstellers entweder nur bei Stillstand der Maschine oder bei eingeschaltetem Gerät um. Dies gilt für Geräte mit einer mechanischen Geschwindigkeitsumschaltung.
- Besitzt das Gerät bei der Geschwindigkeitsumschaltung spezielle Zwischenstellungen, sollten Sie eine davon nach dem Ausschalten des Gerätes einstellen. Dadurch vermeiden Sie, dass die sogenannten Reibräder im Inneren des Gerätes durch das Eindrücken an einer Stelle beschädigt werden und dadurch später ungleichmäßig laufen.
- Verwenden Sie nur intaktes Bandmaterial. Zeigt das Band schon einen starken Abrieb (siehe dazu auch Kapitel 3, Abbildung 3.3.3), sollte es nach Möglichkeit nicht mehr verwendet werden, da sich sonst sehr starke Ablagerungen an den Bandführungen bilden, die erst wieder sehr umständlich entfernt werden müssen.
- Einige Bandsorten weisen nach längerer Lagerzeit eine sehr raue Oberfläche auf. Verwenden Sie diese Bänder nach Möglichkeit nicht mehr, da das Bandmaterial sonst wie Schleifpapier auf die Bandführungen und Tonköpfe wirkt.
- Wenn Sie neue Bandaufnahmen anfertigen, vermeiden Sie unbedingt eine zu starke Aussteuerung der Aufnahmen.
- Drehen Sie also den Regler für die Aufnahmeaussteuerung also nicht zu weit auf.
- Viele der Geräte besitzen eine automatische Aufnahmeaussteuerung, die eine zu starke Aussteuerung verhindert. Die meisten Tonbandgeräte erlauben die Einstellung des Aufnahmepegels mithilfe eines Magischen Bandes oder eines Zeigerinstrumentes.

- Achten Sie beim Betrieb von Röhrengeräten unbedingt auf eine ausreichende Belüftung. Stellen Sie ein solches Tonbandgerät nur auf einer ebenen und glatten Oberfläche ab, damit durch die unteren Lüftungsschlitze immer ausreichend Luft in das Geräteinnere gelangen kann.
- Weist das Gerät einen Defekt auf, beheben Sie diesen nach Möglichkeit bald oder lassen Sie eine entsprechende Reparatur vornehmen.
- Sehr alte Tonbandgeräte sollten Sie nach Möglichkeit nicht unbeaufsichtigt laufen lassen.
-

1.6 Bandführungen und Tonköpfe reinigen

Ein sehr wichtiger Bestandteil der Pflege von Tonbandgeräten ist die regelmäßige Reinigung der Bandführungen und Tonköpfe. Diese ist auch bei vielen anderen Geräten wichtig, die mit Magnetbändern arbeiten. Beim Tonband kommt allerdings noch ein wichtiger Umstand hinzu, der eine sorgfältige Pflege erforderlich macht: Die Tonbänder laufen quasi „offen", sind also nicht durch ein Gehäuse geschützt, wie dies bei einer Tonbandkassette der Fall ist. Auch die Bandführungen und die Tonköpfe an den Maschinen verschmutzen sehr schnell, teilweise durch ungeeignetes Bandmaterial, teilweise aber auch durch Staub und Schmutz. Bei der Reinigung und Pflege der Bandführungen und Tonköpfe gibt es allerdings einige Dinge zu beachten, damit Sie dabei nicht mehr Schaden anrichten als eine vernünftige Reinigung und Pflege vornehmen. Denken Sie immer daran, dass vor allem die Tonköpfe, genauso aber auch die anderen Bandführungen Präzisionsbauteile sind und dementsprechend eine sorgfältige Behandlung benötigen.

Wenn Sie die grundlegende Technik der magnetischen Bandaufzeichnung kennen, wissen Sie bereits, dass es sich bei einem Tonkopf um nichts anderes handelt als um einen kleinen Elektromagnet bzw. um eine Spule auf einem Eisenkern. Er funktioniert in beide Richtungen.

Wird durch ihn ein Wechselstrom geschickt, wandelt er diesen in magnetische Kraftlinien um und magnetisiert ein vorbeilaufendes Tonband. Andersherum funktioniert es bei der Wiedergabe des Tonbandes, bei der das Band in der Spule im Tonkopf durch die Bewegung ein magnetisches Wechselfeld und dadurch eine elektrische Spannung erzeugt. Die Übertragung der magnetischen Kraftlinien erfolgt durch einen winzigen Kopfspalt, an dem das Tonband vorbeiläuft. Sie können sich die grundlegende Funktion dieses Bauteils wie einen elektrischen Hufeisenmagnet vorstellen, der ja auch eine geöffnete Stelle besitzt, also zwei offene Pole an beiden Enden des Eisenkerns. Bei einem Tonkopf ist natürlich diese Öffnung, die als Spalt ausgeführt ist, wesentlich kleiner. Die offene Stelle wird durch das Tonband quasi geschlossen, wodurch eine Übertragung der magnetischen Kräfte sehr effektiv erfolgt. Wir reden hier übrigens von nur geringen Bruchteilen von Millimetern, in denen sich die Maße dieses Kopfspaltes bewegen. Soweit erst einmal zur Technik, nun aber zurück zur Pflege eines Bandgerätes bzw. der Tonköpfe und Bandführungen. Beachten Sie unbedingt einige wichtige Hinweise:

- Verwenden Sie keinesfalls zu aggressive Reinigungsmittel wie Säuren und Laugen. Auch Spiritus, Benzin oder Ähnliches sollten Sie nicht verwenden. Diese Flüssigkeiten können mitunter Stoffe enthalten, die nach der Reinigung auf den Bandführungen oder Köpfen zurückbleiben.

- Am besten verwenden Sie Isopropanolalkohol (99,9 Prozent), den Sie in der Apotheke erhalten. Dieses Reinigungsmittel verdunstet rückstandslos und eignet sich daher sehr gut für die Reinigung der Bandführungen.
- Als Hilfsmittel können Sie sehr gut handelsübliche Wattestäbchen verwenden, die Sie vor der Reinigung in den Alkohol eintauchen.
- Nehmen Sie die Reinigung vorsichtig vor und reinigen Sie immer von der einen zur anderen Seite und nach Möglichkeit nicht einfach hin und her, wodurch sich der Dreck meistens mehr verteilt als er entfernt wird.
- Sind auf den Bandführungen starke Verschmutzungen vorhanden, führen Sie die Reinigung bei Bedarf einfach mehrfach durch, bis alle Schmutzreste entfernt worden sind.
- Zum Schluss verwenden Sie ein trockenes Wattestäbchen, um die letzten Reste des Reinigungsmittels und gegebenenfalls noch die restlichen Verschmutzungen von den Oberflächen zu entfernen.
- Sehr vorsichtig sollten Sie auch bei der Reinigung der Andruckrolle vorgehen. Beachten Sie unbedingt, dass einige Gummiarten den Alkohol nicht vertragen und beschädigt werden können. Weist die Andruckrolle sehr starke Verschmutzungen auf, sollten Sie diese nach Möglichkeit ausbauen und separat mit einer milden Reinigungsflüssigkeit wie einer milden Seifenlauge säubern.
- Seien Sie sehr vorsichtig mit der Reinigung der Andruckrolle und des Capstans mit einem Wattestäbchen bei laufendem Tonbandgerät, wie dies einige Leute praktizieren. Einige Geräte weisen eine starke Andruckkraft auf, wodurch sowohl das Wattestäbchen als auch sonstige Teile der Mechanik beschädigt werden können.

- Sowohl die Köpfe als auch die übrigen Bandführungen
  können Sie normalerweise problemlos mit dem
  Wattestäbchen und Isopropanolalkohol säubern. Bei einigen
  Geräten können Sie die Abdeckung direkt über den
  Bandführungen abnehmen. In einigen Fällen ist es auch
  notwendig, die obere Gehäuseabdeckung zu entfernen
  (Grundig TK 14, 17, 19, 23, 27 oder ähnliche Geräte).
- Gegebenenfalls müssen Sie bei der Wiedergabe sehr alter
  Bänder (zum Beispiel zum Überspielen oder Digitalisieren) die
  Köpfe auch zwischendurch mehrfach reinigen, um einen sehr
  starken Bandabrieb zu entfernen.

Wie die Reinigung der Köpfe und Bandführungen aussehen kann,
sehen Sie in der folgenden Abbildung 1.6.1. Es ist manchmal schon
eine Geduldsarbeit, die sich allerdings lohnt und für die Sie sich
unbedingt ausreichend Zeit nehmen sollten.

1.6.1 Die Bandführungen sollten gründlich gereinigt werden

Übrigens sollten bei der Reinigung die Andruckrolle und der Capstan nicht vergessen werden. Auch diese Bauteile weisen nach einigen Jahren oder Jahrzehnten meist einen sehr starken Bandabrieb auf, welcher gründlich entfernt werden sollte, bevor das Gerät wieder in Betrieb genommen wird. Die Reinigung erfolgt ähnlich wie bei den anderen Bandführungen mithilfe von Isopropanolalkohol und einem Wattestäbchen. Sehen Sie sich dazu auch die folgende Abbildung 1.6.2 an. Auch hier müssen Sie die Reinigung gegebenenfalls mehrmals hintereinander vornehmen, bis die Andruckrolle schließlich vollständig gesäubert worden ist. Vergessen Sie nicht, für die Reinigung hin und wieder ein neues Wattestäbchen zu verwenden, da der Bandabrieb das Wattestäbchen sehr schnell verschmutzen wird. Es können durchaus schon einmal fünf bis hin zu zehn Wattestäbchen verbraucht werden, bis Sie schließlich das gewünschte Ergebnis erhalten.

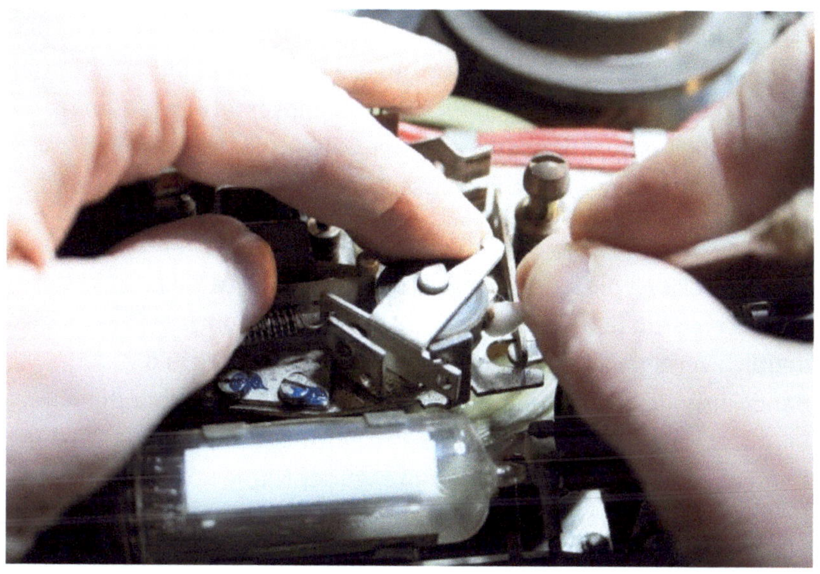

1.6.2 Auch die Andruckrolle muss gründlich vom Abrieb des Bandes befreit werden

Die Reinigung wird am besten durchgeführt, indem Sie das mit Isopropanolalkohol getränkte Wattestäbchen an die Andruckrolle halten, während Sie diese vorsichtig von Hand drehen, wie dies auch in der Abbildung zu sehen ist (bei geöffnetem Gerät unbedingt den Stecker aus der Steckdose ziehen).

1.7 Kassette und Tonband: Gemeinsamkeiten und Unterschiede

Die Tonbandtechnik basiert auf der magnetischen Tonaufzeichnung, die zunächst auf Stahldraht erfolgte. Erst Mitte der 1930er Jahre wurde das Tonband aus Kunststoff mit einer magnetischen Beschichtung entwickelt. Diese Aufzeichnungstechnik war bis zum Jahre 1963 einmalig, bis sie schließlich durch die so genannte „Compact Cassette", kurz CC, Konkurrenz bekam. Es gibt verschiedene Bezeichnungen für die Tonbandkassette wie zum Beispiel die Kompaktkassette, oft auch als Musikkassette (auch Musicassette, kurz MC), Audiokassette oder einfach nur als Kassette bzw. Tape bezeichnet.

Die Entwicklung dieses neuen Datenträgers erfolgte gleich aus mehreren Gründen: Einerseits sollte die Handhabung des Tonbandes deutlich vereinfacht werden. Statt das Band mühselig in die Bandführungen und in die Lehrspule einzufädeln, brauchte der Benutzer nun einfach nur die Kassette einzulegen, was nur einen kleinen Moment dauert. Außerdem sagt der Name Kompaktkassette schon etwas aus über einen weiteren, aber wesentlichen Vorteil: Die Kassette ist deutlich kleiner als die meisten herkömmlichen Tonbandgeräte, ebenso natürlich auch die entsprechenden Geräte zum Aufnehmen und Abspielen der Kassetten. Das Funktionsprinzip ist allerdings das Gleiche. Das Tonband ist aber in einem separaten Gehäuse eingesetzt und somit vor äußeren Einflüssen wesentlich besser geschützt, als dies bei einem Tonbandgerät der Fall ist.

Allerdings ist das Tonbandmaterial in einer Kassette auch deutlich schmaler, dünner und dadurch auch empfindlicher als bei einem herkömmlichen Tonbandgerät. In der Abbildung 1.7.1 sehen Sie ein Kassetten-Tonbandgerät mit geöffneter und eingelegter Kassette. Normalerweise wird das Band natürlich mit geschlossener Kassette in das Tonbandgerät eingelegt. Die Abbildung dient hier lediglich zur Veranschaulichung. In der Abbildung sehen Sie verschiedene Zahlen. Diese kennzeichnen die einzelnen Komponenten, die Sie bereits vom „normalen" Tonband her kennen. Es sind die typischen Bestandteile der Bandführung, wie diese auch in anderen Tonbandgeräten zu finden sind. Doch schauen Sie sich zunächst die Abbildung an.

1.7.1 Kassettengerät mit geöffneter Kassette

In der Abbildung mit den Ziffern 1 und 5 gekennzeichnet sind die Umlenkrollen. Wie auch beim Tonbandgerät läuft das Band zunächst am Löschkopf (2), dann am Tonkopf (3) und danach an der Andruckrolle und am Capstan (4) vorbei, bis es schließlich auf der anderen Seite wieder auf eine Leerspule aufgewickelt wird.

Die Tonqualität war übrigens der Anfangszeit der Compact Cassette noch deutlich schlechter, als man dies heute kennt. Immerhin steht nur ein wesentlich schmaleres Tonband zur Verfügung, und auch die Aufnahmetechnik war am Anfang noch nicht so weit fortgeschritten wie bei den späteren Kassettengeräten. Im Laufe der Jahre gab es deutliche Verbesserungen sowohl des Bandmaterials als auch technische Weiterentwicklungen bei der Aufnahmetechnik. Ein wichtiger Bestandteil der moderneren Aufnahmetechnik war zum Beispiel die Entwicklung von Rauschunterdrückungssystemen für die Kassettentechnik.

Übrigens wurden nicht nur Kassettengeräte für die Aufzeichnung von Musikdarbietungen hergestellt. Die Kompaktheit der Kassette machte man sich auch in anderen Anwendungsbereichen zunutze. Es kamen hier sowohl herkömmliche Compact Cassetten wie die eben zu sehende zum Einsatz als auch kleinere Kassettensysteme, die zum Beispiel als Mikrokassetten (auch Micro-Cassette) bezeichnet werden. In der Abbildung 1.7.2 sehen Sie ein kleines Kassetten-Tonbandgerät (Diktiergerät) in sehr einfacher Ausführung.

Bei diesem Kassettengerät erfolgt übrigens der Bandtransport bei der Aufnahme und Wiedergabe allein durch die Aufwickelspule. Einen Capstan und eine Andruckrolle besitzt dieses Diktiergerät nicht. Auch hier verläuft die Bandführung alleine durch die Kassette. Das Band läuft dabei lediglich am Löschkopf und am Aufnahme-Wiedergabekopf vorbei. Da dieses Gerät allerdings nur für die Sprachaufzeichnung vorgesehen ist, spielt dies keine allzu große

Rolle. Für Musikaufzeichnungen wäre dieses Gerät allerdings nicht geeignet.

1.7.2 Als Diktiergerät ausgeführtes Kassetten-Tonband mit Kassette (links)

Eine Zeit lang wurden übrigens noch andere Arten von Kassetten hergestellt. Darunter befinden sich spezielle Adapterkassetten, die zum Einspeisen eines Audiosignals in ein Autoradio mit Kassettenteil verwendet werden können. Sogar Kassetten mit kompletten Radioempfängern für UKW und Mittelwelle gab es einmal (siehe Abbildung 1.7.3). Für die einfache Reinigung der Bandführungen in Kassettengeräten wurden seinerzeit auch Reinigungskassetten hergestellt, da die Reinigung der Bandführungen in manchen Kassettengeräten etwas schwierig ist, zum Beispiel in Kassettengeräten mit einem Einschub wie Autoradios mit einem eingebauten Kassettenteil. Diese Reinigungskassetten sollten eine einfache und schnelle Reinigung der Bandführungen für jedermann (und nicht nur für Fachleute für die Reparatur solcher Geräte) ermöglichen, ohne dafür gleich den Kassettenrekorder oder das

Kassettenlaufwerk erst auseinandernehmen zu müssen, was bei einigen Geräten aufgrund der Bauweise schwierig ist.

1.7.3 Radios in Kassettengehäusen eingebaut

Für Anrufbeantworter, in denen neben Tonbändern ebenfalls
Kassetten zum Einsatz kamen (entweder als Kompaktkassette oder
als Mikrokassette), wurden ebenfalls Spezialkassetten mit kürzeren
Spielzeiten oder sogenannte Endloskassetten eingesetzt. In der
Abbildung 1.7.4 ist eine solche Endloskassette im geöffneten Zustand
zu sehen. Eine Endloskassette spielt auch ohne Rückspulen immer
den gleichen Inhalt ab. Es gibt verschiedene Ausführungen mit
Spielzeiten von nur wenigen Sekunden bis hin zu Spielzeiten von
mehreren Minuten.

1.7.4 Geöffnete Kassette mit Endlosband

Ein weiteres wichtiges Unterscheidungsmerkmal vom Tonband ist die
Verwendung anderer Bandsorten für die Kassette. Neben auch für
Spulentonbandgeräte verwendeten Bandsorten wie Eisenoxid kamen
noch weitere Beschichtungen zum Einsatz, darunter Chromdioxid
oder das Reineisenband bzw. Metallband. Die Letzteren beiden
weisen gegenüber den herkömmlichen Eisenoxid-Bändern eine

bessere Aufnahmequalität vor allem bei geringeren Bandgeschwindigkeiten auf. Die Entwicklung solcher Bandsorten trug wesentlich dazu bei, dass sich die Kassetten gegenüber den herkömmlichen Tonbändern hinsichtlich der Klangqualität behaupten konnten. Und noch einen weiteren Vorteil brachten die Kassetten gegenüber den Tonbandmaschinen: Aufgrund ihrer Kompaktheit konnten entsprechende Kassettenlaufwerke auch in Autoradios eingebaut werden. Für eine sehr lange Zeit wurden die Kassetten in Autoradios eingesetzt, bis schließlich andere Wiedergabeverfahren (CD, MP3) den Kassetten auch dieses Anwendungsgebiet streitig machten. In der Abbildung 1.7.5 sehen Sie ein Autoradio mit Kassettenlaufwerk. Wegen Platzmangel am Bedienteil des Gerätes konnten in solchen Geräten nur Kassettenlaufwerke mit einem Einschub eingesetzt werden. Abbildung 1.7.6 zeigt ein Kassettenlaufwerk und ein geöffnetes Tonbandgerät im Vergleich.

1.7.5 Kassettenlaufwerk im Autoradio mit Kassetteneinschub

1.7.6 Kassettenlaufwerk (oben) und Tonband (unten)

37

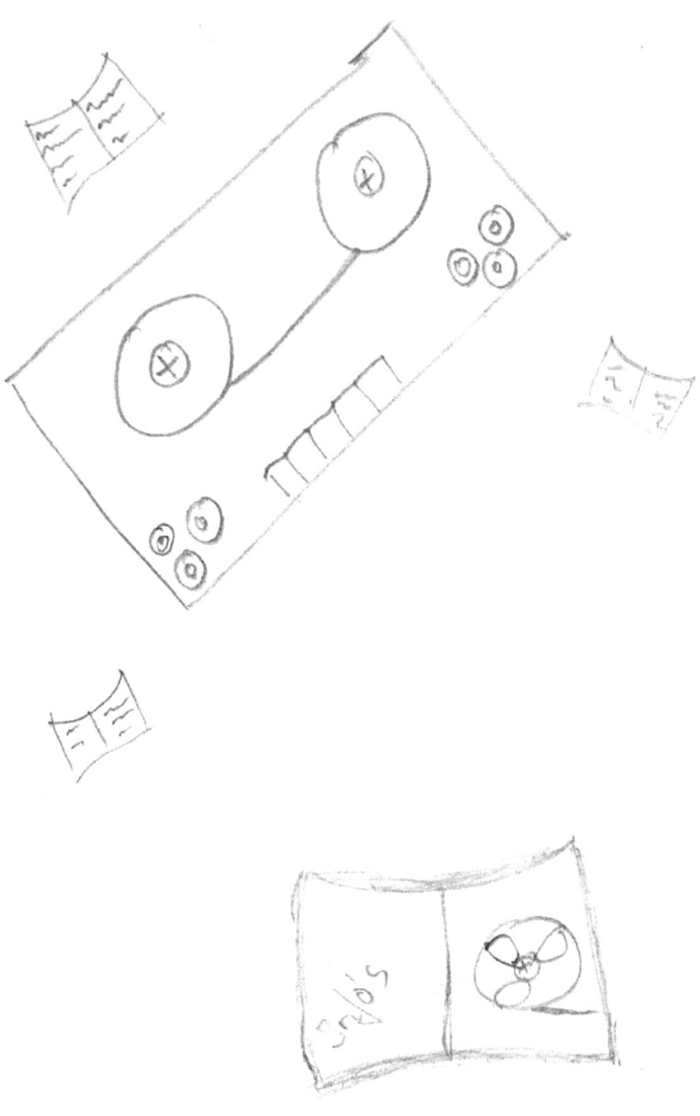

Kapitel 2: Wichtige Infos zur Tonbandtechnik

Die wichtigsten Grundlagen zur Tonbandtechnik haben Sie im ersten Kapitel kennengelernt. Jetzt geht es etwas mehr ans Eingemachte, nämlich zu den mitunter sehr vielen Bedienelementen, welche viele Tonbandgeräte haben. Außerdem lernen Sie noch einige weitere wichtige Eigenschaften der Tonbandgeräte und deren Handhabung kennen. Ein weiterer und sehr wichtiger Teil dieses Kapitels befasst sich mit den Anschlüssen an einem Tonbandgerät und wie diese genutzt werden können. Weiterhin geht es um typische Spezifikationen wie unterschiedliche Anzahlen von Spuren sowie deren Spurlagen und die verschiedenen Bandgeschwindigkeiten. Aber auch die Praxis soll natürlich nicht zu kurz kommen. Wenn Sie schon lange einmal vorhatten, ein altes Band einmal wieder abzuhören, können Sie hier nachlesen, was Sie dabei beachten sollten oder wie Sie das Band möglicherweise sogar auf Ihren PC überspielen und als Audiodatei abspeichern können. Sollten Sie auch an der Aufnahme von Tonbändern interessiert sein, lesen Sie hier nach, wie Sie solche eigenen Tonbandaufnahmen am besten anfertigen und worauf Sie dabei achten sollten. Machen Sie gerne auch Mikrofonaufnahmen, sofern Sie ein Gerät mit einem anschlussfertigen, externen Mikrofon besitzen. Weiterhin lernen Sie noch die Funktion und die enorme Hilfestellung einer wichtigen Einrichtung an einem Tonbandgerät kennen, nämlich das Bandzählwerk und dessen Verwendung. Wie wäre es, wenn Sie sich einmal (oder möglicherweise zum ersten Mal) auch in der Praxis mit der Bandtechnik beschäftigen? Den Beginn machen aber die

Bedienelemente an einem solchen Tonbandgerät, um die es im folgenden Abschnitt gehen soll.

2.1 Die Bedienelemente an einem Tonbandgerät

Die Anzahl und Komplexität der Bedienelemente an einem Tonbandgerät unterscheidet sich natürlich sehr stark von Modell zu Modell. Damit Sie bereits hier einen ersten Überblick erhalten, sollen Ihnen einige davon an dieser Stelle vorgestellt werden. Es beginnt zunächst mit den standardmäßigen Bedienelementen, gefolgt von den etwas spezifischeren Funktionen eines Tonbandgerätes. Den Anfang macht ein recht spartanisch ausgestattetes Tonbandgerät. Es handelt sich hier um ein einfaches Vierspur-Mono-Tonbandgerät, wie dieses seinerzeit von einigen namhaften Herstellern und in verschiedenen Ausführungen verkauft wurde. Dieses Tonbandgerät ist wie angedeutet nur für den Monobetrieb geeignet, es kann also keine Stereoaufnahmen anfertigen bzw. wiedergeben. Dafür bietet es die doppelte Spielzeit, da es in beide Bandlaufrichtungen jeweils zwei Aufnahmen auf getrennten Spuren des Bandes aufzeichnen kann und dadurch die Spielzeit des Tonbandes quasi verdoppelt wird. Mehr zu dieser Thematik können Sie übrigens im übernächsten Abschnitt 2.3 nachlesen. Doch sehen Sie sich zunächst die Abbildung 2.1.1 an.

Die Bedienelemente des Gerätes wurden hier für eine bessere Übersicht mit Ziffern gekennzeichnet. Die entsprechenden Erläuterungen zu den einzelnen Bedienelementen des Gerätes finden Sie direkt unter der Abbildung.

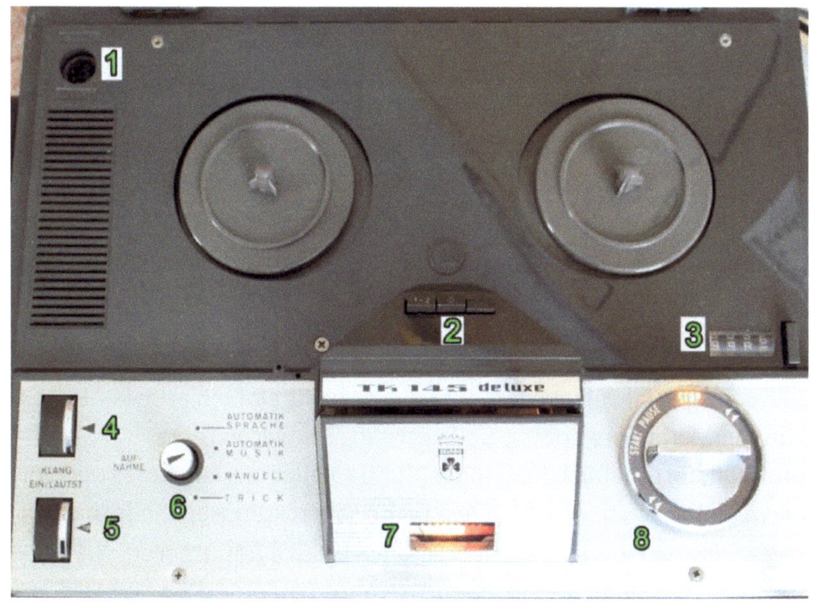

2.1.1 Einfaches Vierspur-Tonbandgerät von Grundig (Grundig TK 145)

1. Anschluss für Mikrofon oder andere Eingangsquelle
2. Umschalter für die Aufnahme- und Wiedergabespuren
3. Bandzählwerk mit Resettaste
4. Klangregler
5. Ein-Ausschalter und Lautstärke (bei Aufnahme auch Einstellung des Aufnahmepegels)
6. Aufnahmetaste und Umschalter für die manuelle und die automatische Aufnahmeaussteuerung sowie Trickaufnahme
7. Anzeige für Aufnahmeaussteuerung
8. Drehschalter für die Laufwerksfunktionen

Dieses Tonbandgerät verfügt übrigens über eine sogenannte Trickfunktion. Mithilfe dieser Funktion ist es möglich, eine bestehende Tonbandaufnahme mit einer überlagerten Aufnahme zu versehen, ohne dass die alte Aufnahme dabei gelöscht wird. Ist diese Funktion ausgewählt, bleibt lediglich der Löschkopf während der Aufnahme abgeschaltet, sodass nach der zweiten Aufnahme die ursprüngliche Aufzeichnung zusammen mit der neuen Aufnahme zu hören ist. Auf diese Weise ist es möglich, eine bereits aufgenommene Musikaufnahme nachträglich mit einem Sprachkommentar zu versehen, um nur ein Anwendungsbeispiel zu nennen.

In der damaligen Zeit (etwa in den sechziger Jahren sowie am Anfang der siebziger Jahre) wurden viele dieser recht einfach ausgestatteten Tonbandgeräte angeboten und verkauft. Sie waren relativ preisgünstig erhältlich (zumindest für damalige Verhältnisse) und vor allem einfach zu bedienen. Viele Leute schreckten viele Knöpfe und Regler eher ab. Beliebt waren vor allem Geräte der unteren Preisklasse, welche bereits über eine Automatik für die Aufnahmeaussteuerung verfügten. Diese Geräte sind in der Lage, den Eingangspegel einer Audioquelle (zum Beispiel Mikrofon oder Radio) automatisch so anzupassen, sodass die Aufnahme weder zu leise noch zu laut oder schon übersteuert erfolgt. In den meisten Fällen ließ sich diese Aufnahmeautomatik auch abschalten, genauso wie dies auch bei diesem Gerät hier der Fall ist.

Es gab natürlich auch wesentlich besser ausgestattete Tonbandgeräte, die entsprechend größer (und natürlich auch teurer) waren. Das folgende Beispiel zeigt ein solches Gerät. Es besitzt zahlreiche Zusatzfunktionen, außerdem erfolgt die Steuerung der Mechanik des Gerätes ebenfalls elektronisch. Die Laufwerkstasten arbeiten rein elektronisch. Damit unterscheidet sich dieses Gerät von einer Vielzahl anderer Tonbandgeräte aus der damaligen Zeit, die meist über mechanische Steuertasten (oder auch Drehschalter, wie das obere Beispiel zeigt) verfügten. In der Abbildung 2.1.2 sehen Sie das Tonbandgerät mit im Bild eingeblendeten Ziffern. Die entsprechenden Erläuterungen zu den einzelnen Funktionen sehen Sie wieder nach der Abbildung.

2.1.2 Bedienelemente an einem Tonbandgerät (Philips N4511)

1. Steuerung der Laufwerksfunktionen (Aufnahme, Wiedergabe, Vor- und Rücklauf usw.)
2. Ein-Ausschalter
3. Anzeigeinstrumente für Aufnahmeaussteuerung (zeigen hier den Pegel auch während der Wiedergabe an, nicht bei allen Tonbandgeräten der Fall)
4. Lautstärkeregler rechter und linker Kanal
5. Regler für Multiplay-Betrieb (siehe Erläuterung Multiplay)
6. Aufnahmeaussteuerung Mikrofon rechts und links
7. Ausnahmeaussteuerung Radio/Phono

8. Bandzählwerk (hier mit Memoryfunktion und Autostopp)
9. Umschalter für die Eingangsquelle während der Aufnahme
10. Vor- und Hinterbandkontrolle (siehe Erläuterung Vor- und Hinterbandkontrolle)
11. Spurumschaltung und Mono-Stereo
12. Ein-Ausschalter für Multiplay
13. Umschalter für Bandgeschwindigkeit (hier 4,75, 9,5 und 19 cm/sek.)
14. Eingänge (Stereo-) Mikrofon
15. Anschluss für Kopfhörer

Dieses Tonbandgerät hat keinen eingebauten Endverstärker und keine eingebauten Lautsprecher. Die Wiedergabe des Bandes kann über einen externen Verstärker bzw. über eine Stereoanlage erfolgen. Außerdem ist es möglich, direkt am Gerät einen Kopfhörer anzuschließen. Dazu besitzt das Gerät zwei Lautstärkeregler getrennt für den rechten und den linken Kanal.

Viele der verkauften Tonbänder waren damals sogenannte Koffertonbandgeräte. Diese verfügten je nach Ausführung entweder über einen Verstärker sowie über einen oder mehrere eingebaute Lautsprecher. Einige der Geräte sind prinzipiell zwar für den Stereobetrieb geeignet, erlauben die Wiedergabe über den internen Lautsprecher allerdings nur in Mono. Der Stereobetrieb ist nur durch den Anschluss an eine Stereoanlage (damals handelte es sich häufig auch um ein Stereo-Radiogerät) möglich. Der integrierte Lautsprecher samt Verstärker diente in diesem Fall hauptsächlich dazu, um die Aufnahme (sofern sie mit einem tragbaren Tonbandgerät unterwegs erfolgte) schon einmal vor Ort kontrollieren zu können. Angewendet wurde diese Praxis des Einbaus lediglich einer Endstufe samt Lautsprecher bei vielen der damaligen Koffertonbandgeräte.

Ein paar Hinweise bzw. Informationen zu Duoplay und Multiplay:

Diese beiden Funktionen waren an einigen besser ausgestatteten Tonbandgeräten aus der Blütezeit der Tonbandgeräte zu finden. Diese Funktionen dienen dazu, das Vierspurprinzip zum Mischen von eigenen Musikaufnahmen zu verwenden. Dabei haben die Funktionen Duoplay und Multiplay gewisse Ähnlichkeiten. Mithilfe von Duoplay können Sie eine Spur abspielen und dabei gleichzeitig eine zweite Spur aufnehmen. Sie können also die Aufnahme der ersten Spur abhören, dabei gleichzeitig auf der zweiten Spur eine weitere Aufnahme anfertigen. Dadurch ist es zum Beispiel möglich, einem Musikstück auf der einen Spur entweder weitere Instrumente oder einen Gesang auf der zweiten Spur hinzuzufügen.

Die zweite Funktion namens Multiplay geht dabei sogar noch einen Schritt weiter. Mithilfe von Multiplay können Sie ebenfalls eine Spur des Tonbandes abspielen, dabei aber gleichzeitig dieses Signal von der ersten Spur auf die zweite Spur überspielen. Wollen Sie beispielsweise eine eigene Musikaufnahme anfertigen, wird mithilfe von Multiplay zunächst die Musik auf eine Spur aufgezeichnet. Anschließend können Sie diese Spur während einer Multiplay-Aufnahme auf die zweite Spur des Bandes überspielen und dabei gleichzeitig ein weiteres Instrument oder den Gesang hinzufügen, sodass die zweite Spur nachher sowohl den Inhalt der ersten Spur als auch die Aufzeichnung während der zweiten Aufnahme enthält. Mithilfe des Multiplay-Reglers lässt sich der Aufnahmepegel beim Aufzeichnen der zweiten Spur einstellen.

Es ist durchaus eine interessante Funktion, die aber nur die damaligen Tonbandgeräte bieten. Die Kassettengeräte wären aufgrund der ebenfalls vorhandenen vier Spuren technisch auch für die Nutzung einer solchen Aufnahmefunktion geeignet gewesen.

Allerdings hat man hier eher auf solche Funktionen für die Aufnahme verzichtet.

2.2 Die Anschlüsse an einem Tonbandgerät

Die Anschlüsse stellen die Verbindung zur Außenwelt her. Sie sind unverzichtbar, um eigene Aufnahmen anzufertigen oder auch, um alte Tonbandaufnahmen auf ein anderes Medium zu überspielen, zum Beispiel zur Digitalisierung der alten Aufzeichnungen. Es gibt einen großen Bedarf an der Sicherung solcher alten Tonbandaufnahmen. Oft sind längst verstorbene Menschen auf den Bändern aus den 1950er, 1960er oder 1970er Jahren zu hören, und es geht nicht selten um die Bewahrung von Aufnahmen, die sonst in Vergessenheit geraten oder für immer verloren wären. Es gibt also genug Gründe, sich mit den Anschlüssen solcher Geräte etwas genauer zu befassen. Dazu folgen nun ein paar Beispiele von damals oft verwendeten Anschlussbuchsen sowie deren Bedeutung und Verwendung. Das erste Beispiel ist der Abbildung 2.2.1 zu sehen.

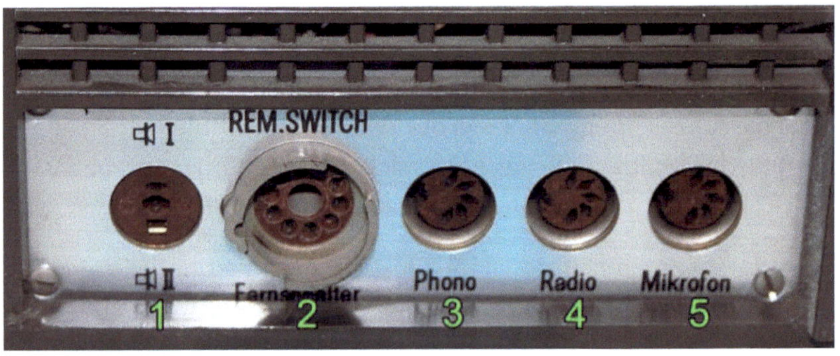

2.2.1 Anschlüsse an einem alten Tonbandgerät (Saba TK125-S)

1. Die erste Buchse dient zum Anschluss eines externen
   Lautsprechers.
2. Der zweite Anschluss ist gerätespezifisch und für den
   Anschluss einer Fernbedienung vorgesehen.
3. Der dritte Anschluss ist ein Eingang, vorgesehen zum
   Anschluss eines Plattenspielers.
4. Der Anschluss mit der Bezeichnung „Radio" ist ein Eingang
   zum Aufzeichnen des Radioprogramms auf Band und auch
   ein Ausgang zum Übertragen des Ausgangssignals vom
   Tonbandgerät zum Radio, wodurch das Radio als Verstärker
   genutzt werden kann.
5. Dieser Mikrofoneingang ist sehr empfindlich hinsichtlich des
   Eingangspegels. Hier sollten keine Geräte mit Line-out-
   Anschlüssen angeschlossen werden, da die Aufnahmen sonst
   sehr schnell verzerrt klingen.

Die nun folgende Abbildung 2.2.2 zeigt ein weiteres Beispiel, wobei
der Hersteller dieses Tonbandgerätes auf die Symbolkraft setzt, leider
oft zur Verwirrung der Benutzer solcher Geräte.

2.2.2 Anschlüsse mit Symbolen (Grundig TK 19)

1. Der Anschluss mit der Ziffer 1 ist ein Mikrofonanschluss (auch am Aufkleber zu sehen).
2. Der Anschluss rechts daneben (Ziffer 2) entspricht dem Radioanschluss des vorigen Beispiels. Er ist sowohl als Eingang als auch als Ausgang nutzbar.
3. Dies ist der Phonoeingang des Gerätes zum Anschluss eines Plattenspielers. Hier kann aber auch eine andere Eingansquelle angeschlossen werden.
4. Der vierte Anschluss ist die Lautsprecherbuchse zum Anschluss eines externen Lautsprechers.
5. Rechts daneben befindet sich ein Kopfhöreranschluss. Hier kann ein hochohmiger Kopfhörer angeschlossen werden (oft leider nicht zum Anschluss heute handelsüblicher Kopfhörer mit 2 x 16 Ohm geeignet).

Das dritte Beispiel zeigt mehrere Ein- und Ausgänge an einem Tonbandgerät, zwischen denen einfach umgeschaltet werden kann.

2.2.3 Anschlüsse für mehrere Ein- und Ausgänge

1. Der Phonoeingang kann zum Anschluss eines Plattenspielers verwendet werden. Bei diesem Tonbandgerät (Philips N4506) kann sogar die Eingangsimpedanz umgeschaltet werden (für Plattenspieler mit Kristall- oder Magnet-Tonabnehmer).
2. Der Anschluss mit der Bezeichnung „Aux" kann für unterschiedliche Eingangsquellen verwendet werden.
3. Dies ist der Tunereingang zur Aufnahme von Radioprogrammen auf Tonband.
4. Der Anschluss „Line-in/Line-out" kann sowohl ein Eingangssignal verarbeiten als auch als Ausgang verwendet werden, zum Beispiel zum Digitalisieren von Tonbandaufnahmen mithilfe eines Computers mit Soundkarte.

Wie können aber nun diese Anschlüsse genutzt werden, um beispielsweise den Inhalt eines Bandes auf den PC zu überspielen oder um ein Ausgangssignal eines MP3- oder CD-Players mit dem Tonbandgerät zu verbinden? Dies scheitert zunächst schon oft daran, dass die Anschlüsse an den alten Bandmaschinen alles andere als kompatibel mit denen moderner Geräte wie einem PC oder MP3-Player sind. Aber es können ja Adapterkabel genutzt werden. Eventuell sind Sie ja sogar in der Lage, sich diese notwendigen Adapterkabel selbst anzufertigen. Dazu benötigen Sie die Anschlussbelegungen der Steckverbindungen zu den Tonbandgeräten sowie zum PC oder zu einem MP3-Player. Diese finden Sie in der folgenden Abbildung 2.2.4. Die Belegungen gelten übrigens von außen auf die Stecker gesehen bzw. von außen auf die DIN-Buchse. Von der Lötseite her gesehen liegen die Anschlüsse spiegelverkehrt. Viele Stecker und Buchsen besitzen zur besseren Orientierung auch Einprägungen mit den entsprechenden Anschlusspins und deren Nummern.

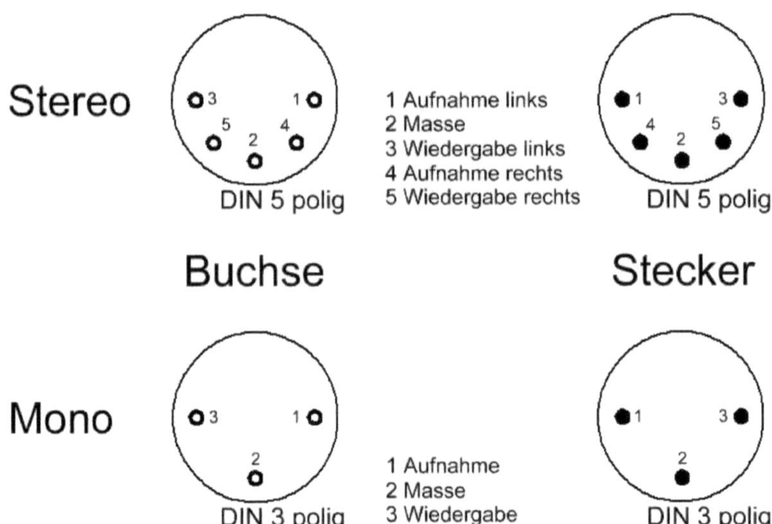

2.2.4 Anschlussbelegungen DIN und Klinke

In der folgenden Abbildung 2.2.5 sehen Sie einen DIN-Stecker. In der Abbildung ist es etwas schlecht zu sehen. Dieser Stecker besitzt entsprechende Beschriftungen mit den einzelnen Nummern der Anschlüsse. Zur Verdeutlichung wurden diese Nummern noch einmal außen in die Abbildung eingefügt. Handelt es sich um eine Buchse, gelten natürlich genau die spiegelverkehrten Anordnungen der einzelnen Anschlüsse.

2.2.5 Ein DIN-Stecker und seine Belegung

Wenn Sie ein Tonband auf den PC überspielen möchten, benötigen Sie natürlich ein passendes Adapterkabel. Viele Geräte sind heute mit Klinkenbuchsen ausgestattet, darunter auch die PCs oder Laptops mit ihren Ein- und Ausgängen an der Soundkarte. Diese sind natürlich nicht kompatibel zu den alten DIN-Steckern der Tonbandgeräte. Die Adapterkabel sorgen für die richtige Verbindung. Die meisten der benötigten Adapterkabel sind sogar noch im Fachhandel erhältlich. Zum Lötkolben müssen Sie also nicht mehr unbedingt greifen. Natürlich können Sie sich aber auch die von Ihnen benötigten Kabel selbst anfertigen, und das genau mit den richtigen Steckverbindern und in der benötigten Länge. Auf Wunsch lassen sich so Kabel für die unterschiedlichsten Zwecke herstellen. In der folgenden Abbildung 2.2.6 sehen Sie ein paar Beispiele für solche Adapterleitungen. Es handelt sich um eine Adapterleitung zum Anschluss eines

Tonbandgerätes mit DIN-Anschluss auf einer und mit Cinchanschlüssen auf der anderen Seite. Wird ein Adapter für den Klinkeneingang (zum Beispiel für die Soundkarte eines Computers) benötigt, steht dafür ebenfalls eine Adapterleitung zur Verfügung.

2.2.6 Adapterkabel DIN auf Cinch und Cinch auf Klinke

Das kleine Zwischenstück unten rechts im Bild verbindet die Cinchstecker beider Kabel miteinander. Sie können natürlich auch ein Adapterkabel von DIN auf Klinke verwenden bzw. selbst herstellen, wenn Sie unnötige Übergänge zwischen einzelnen Adaptern einsparen wollen. Möglichkeiten gibt es sehr viele. Sinnvoll ist übrigens die Verwendung eines Adapters von DIN auf viermal Cinch. Auf diese Weise können Sie die jeweils benötigten Anschlüsse des DIN-Steckers beliebig mit anderen, zum jeweiligen Endgerät passenden Steckanschlüssen verbinden. So lassen sich sowohl die Eingänge des Tonbandgerätes als auch dessen Ausgänge nutzen, und

zwar zum Überspielen vom Tonbandgerät oder auf das
Tonbandgerät, ganz nach Wunsch.

2.3 Zwei- und Vierspur sowie die Spurlagen

Wenn Sie sich eine Weile mit Bandmaschinen bzw. Tonbandgeräten
beschäftigen, werden Sie früher oder später auf Begriffe stoßen wie
Zweispur und Vierspur, gegebenenfalls auch auf die Begriffe Halbspur
oder Viertelspur. Was bedeutet dies eigentlich? Es handelt sich um
die Aufzeichnungsmöglichkeiten eines Tonbandes, von denen es
mehrere gibt. Das Band wird dabei in mehrere Bereiche unterteilt, je
nach Bauart in zwei oder vier Spuren. Sie können sich das Ganze
vorstellen wie Straßen mit mehreren Spuren, die entweder in gleiche
oder in entgegengesetzte Richtungen führen. Die Aufzeichnungsarten
bei Tonbändern für Musikkassetten und Tonbandgerät mit offenen
Spulen sind dabei unterschiedlich. Um die möglicherweise
entstandene Verwirrung aufzulösen, folgen hier nun einige
Erläuterungen zu den einzelnen Aufzeichnungsverfahren. Es geht
dabei um die Anzahl der Spuren und darum, wie diese auf dem
Tonbandmaterial angeordnet sind. Die folgenden Möglichkeiten
zeigen die Aufzeichnungsverfahren mit einer, zwei oder vier Spuren
jeweils für den Monobetrieb:

-   Die ersten Tonbänder wurden im sogenannten Vollspur-
    Monoverfahren bespielt. Bei diesem Aufzeichnungsverfahren
    benutzte man die gesamte Breite des Tonbandes für eine
    einzige Aufnahmespur, beispielsweise für die Signale eines
    Mikrofons, die durch die Elektronik des Tonbandgerätes
    verstärkt und schließlich mithilfe des Tonkopfes auf dem
    Band aufgezeichnet wurden. Das Band wurde bei diesem

Verfahren in eine Richtung bespielt und war dann praktisch voll. Natürlich konnte das Bandmaterial auch wieder gelöscht und neu bespielt werden, allerdings auch wieder nur in einer Spielrichtung.

- Diese Aufzeichnungsart wurde weiterentwickelt. Das Band wurde nun in zwei Spuren aufgeteilt, wobei eine Spur in die eine Laufrichtung führt, die Gegenspur in der entgegengesetzten Laufrichtung aufgezeichnet wurde. Sie können sich das Ganze vorstellen wie eine Straße mit zwei Spuren, beispielsweise eine Landstraße mit Gegenverkehr. Die Spielzeit des Bandes wurde auf diese Weise verdoppelt, was eine sehr große Weiterentwicklung darstellt. Bei dieser Bauart wird das Band mithilfe eines kompletten Durchlaufes in die eine und anschließend in die andere Richtung bespielt.

- Es folgte nun eine weitere Entwicklung, nämlich die des Vierspur-Verfahrens bei der Aufzeichnung, allerdings immer noch in Mono, also lediglich durch die Aufzeichnung eines einzigen Kanals. Das Band wurde nochmals geteilt, sodass nun vier einzelne Spuren vorhanden waren. Von diesen Spuren führen jeweils zwei in eine Laufrichtung und zwei in die entgegengesetzte Laufrichtung. Sie können sich das so vorstellen wie zwei Landstraßen, die parallel zueinander verlaufen, wobei jede Straße eine Spur für die eine und für die andere Richtung hat. Auf dem Band sind die Spuren genauso angeordnet. Es führt also pro Bandhälfte jeweils eine Spur in die eine und eine in die entgegengesetzte Richtung. Sehen Sie sich dazu auch die Skizzen in Abbildung 2.3.1 an. Der Vorteil dieses Aufzeichnungsverfahrens ist der, dass die Spielzeit eines Tonbandes quasi verdoppelt wird. Diese Spielzeitverdopplung kommt dadurch zustande, dass in jeder Laufrichtung das Band doppelt, also mit zwei komplett unterschiedlichen Aufnahmen versehen werden kann.

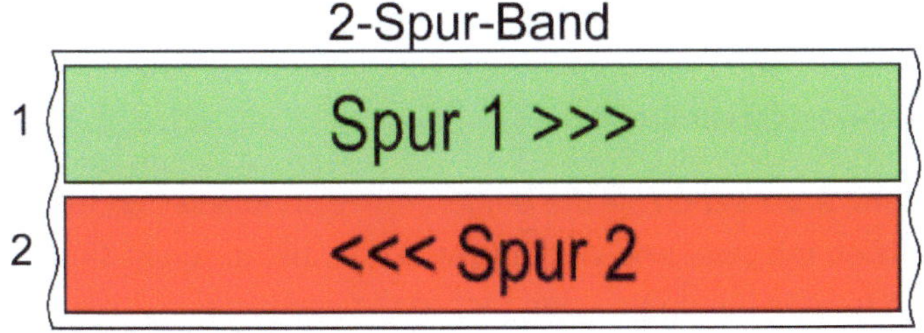

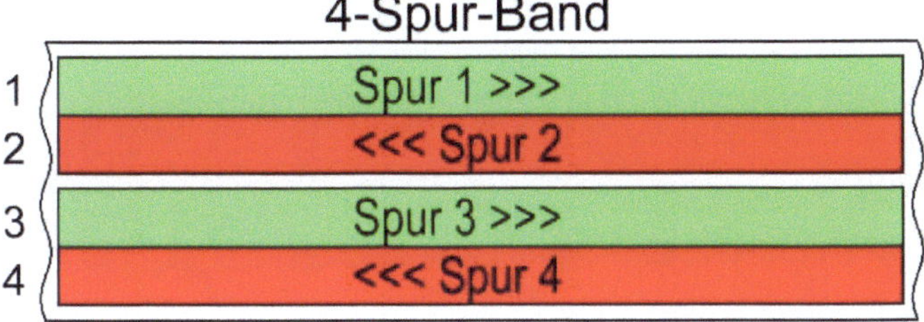

2.3.1 Zwei- und Vierspuraufzeichnung in Mono

Der Stereobetrieb sollte natürlich auch für die Aufzeichnung mit Tonbandgeräten verwendet werden. Demzufolge gab es auch entsprechende Stereo-Aufzeichnungsverfahren:

- Das Zweispur-Stereogerät nutzt ein in zwei Hälften geteiltes Tonband. Dieses Band wird allerdings beim Durchlauf bereits in einer Richtung komplett bespielt. Eine Spur wird für den linken, der andere für den rechten Stereokanal verwendet.
- Etwas geläufiger (bei den Heimtonbandgeräten) ist das Vierspur-Stereoverfahren. Hier werden die vier Spuren in einem kompletten Durchlauf in die eine und dann in die andere Bandlaufrichtung bespielt. Jeweils bei einem Durchlauf in einer Richtung werden zwei der vier Spuren mit

beiden Stereokanälen aufgezeichnet bzw. später wiedergegeben. Es erfolgt also eine Stereoaufzeichnung anstelle von zwei unabhängig voneinander getätigten Monoaufzeichnungen.

In Abbildung 2.3.2 sehen Sie die beiden Aufzeichnungsarten beim Stereobetrieb mit zwei und vier Spuren. Ebenfalls zu sehen sind die Spurlagen für den linken und den rechten Stereokanal.

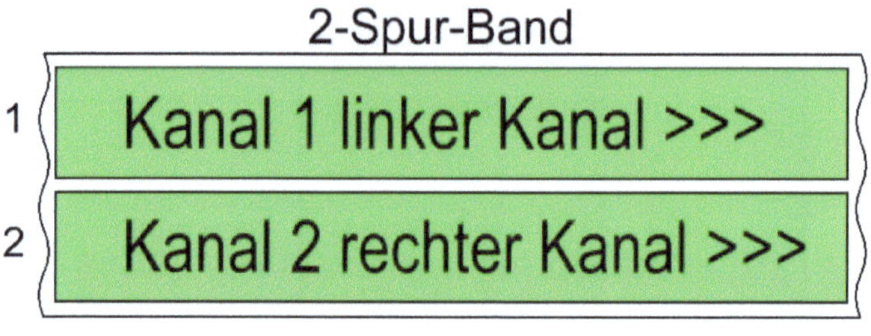

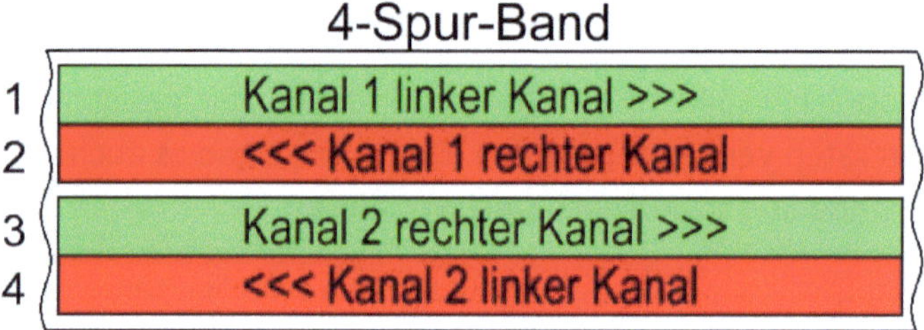

2.3.2 Zwei- und Vierspuraufzeichnung in Stereo

Wenn Sie sich die Spuraufteilung auf dem Tonband genauer ansehen, stellt sich möglicherweise die Frage nach der Kompatibilität der Aufzeichnungsarten untereinander. Kann beispielsweise ein mit einem Vierspurgerät aufgenommenes Tonband auch mit einem

Zweispurgerät abgespielt werden und umgekehrt? Um diese Fragen
zu beantworten, lesen Sie hier ein paar Hinweise dazu:

- Ein mit einem Zweispur-Tonbandgerät aufgenommenes
  Tonband kann auch mit einem Vierspurgerät abgespielt
  werden. Handelt es sich um ein Vierspur-Monogerät, das als
  Abspielgerät verwendet wird, lässt sich die Aufnahme
  problemlos in der Schalterstellung 1-4 für den
  Spurumschalter abhören. Würden Sie den Schalter umstellen,
  hören Sie quasi die Rückseite des Zweispurbandes
  (dementsprechend natürlich rückwärts).
- Das Abspielen eines mit einem Vierspur-Tonbandgerät
  aufgenommenen Bandes mit einem Zweispur-Tonbandgerät
  ist schon etwas problematischer. Da hier bei der Wiedergabe
  quasi die Hälfte des Bandes abgetastet wird, hören Sie die
  Spur 1 in der normalen Abspielrichtung, gleichzeitig aber
  auch die Spur 2 des Monobandes in der entgegengesetzten
  Laufrichtung (also rückwärts). Ein vernünftiges Abhören des
  Bandes ist höchstens möglich, wenn die Gegenspur des
  Tonbandes nicht bespielt ist.
- Würden Sie ein mit einem Zweispur-Monogerät
  aufgezeichnetes Band mit einem Zweispur-Stereogerät
  abspielen, könnten Sie auf einem Kanal das Band in der
  richtigen Laufrichtung hören, auf dem zweiten Kanal die
  Aufnahme in der entgegengesetzten Laufrichtung, also
  rückwärts.
- Ähnlich ist es auch beim Abspielen eines mit einem Vierspur-
  Monogerät aufgezeichneten Tonbandes mit einem Vierspur-
  Stereogerät. Der Unterschied besteht darin, dass Sie auf den
  jeweiligen Stereokanälen des Stereogerätes jeweils zwei
  vollkommen unterschiedliche Aufnahmen zur gleichen Zeit
  hören.

Wie Sie sehen, kann es durchaus Kompatibilitätsprobleme geben, wenn eine Aufnahme unbekannten Ursprungs abgehört werden soll und dabei die Aufzeichnungsart nicht bekannt ist. In der Regel können aber die meisten Tonbänder problemlos abgespielt werden, wenn Sie ein Vierspur-Stereogerät besitzen. Diese Geräte können sehr oft auch als Vierspur-Monogeräte eingesetzt werden. Sie sind normalerweise in der Lage, die beiden Spuren in einer Laufrichtung unabhängig voneinander zu bespielen, was auch mit einem Vierspur-Monogerät möglich ist. In der Abbildung 2.3.3 sehen Sie die Spuraufteilung der Tonköpfe in einem Vierspur-Stereotonbandgerät.

2.3.3 Aufnahme- und Wiedergabekopf in einem Vierspur-Stereotonbandgerät

Etwas anders ist übrigens die Anordnung der Aufzeichnungsspuren bei einem Kassettengerät. Hier liegen die zwei Stereokanäle pro Laufrichtung direkt nebeneinander. Stellen Sie sich die Anordnung der Spuren vor wie bei einer Autobahn mit zwei Spuren. Die Anordnung der Spuren bei einem Kassettengerät kam durch die Aufteilung bzw. Halbierung der Monospur zustande. Hier wurde lediglich eine Spur in zwei Bereiche für den linken und den rechten Kanal aufgeteilt. Die folgende Abbildung 2.3.4 zeigt den Tonkopf in einem Stereo-Kassettengerät und dessen Aufteilung in den linken und den rechten Kanal. Die jeweils gespielte Bandhälfte liegt übrigens im unteren Bereich des Bandes.

2.3.4 Aufnahme-Wiedergabekopf in einem Kassettenrekorder

Handelt es sich um eine Tonbandkassette, so liegt die beschichtete Bandseite außen. Beim Tonbandgerät ist es genau anders herum: Hier liegt die mit der Magnetschicht versehene Seite des Tonbandes immer innen.

2.4 Verschiedene Bandgeschwindigkeiten

Neben den unterschiedlichen Spurlagen und Aufzeichnungsmöglichkeiten (Mono und Stereo) gibt es noch weitere Ausstattungsmerkmale, über die manche der Tonbandgeräte verfügen. Eines davon ist die Auswahl verschiedener Bandgeschwindigkeiten. Warum gibt es eigentlich verschiedene Bandgeschwindigkeiten? Es hängt mit der maximalen Spielzeit eines Tonbandes und mit der Aufnahmequalität zusammen. Um es einfach auszudrücken, könnte man das Ganze in zwei Merksätzen zusammenfassen:

- geringere Bandgeschwindigkeit = längere Spieldauer, dafür aber eine geringere Klangqualität
- höhere Bandgeschwindigkeit = kürzere Spieldauer, dafür aber eine bessere Klangqualität

Je geringer die Bandgeschwindigkeit ist, desto mehr Aufnahmen passen praktisch auf ein Tonband bestimmter Länge. Allerdings wird dieser Vorteil erkauft mit einer geringeren Aufnahmequalität. Das Ganze gilt natürlich auch andersherum. Zunutze macht man sich diese Eigenschaft bei der Auswahl verschiedener Bandgeschwindigkeiten durch den Sinn und Zweck einer Tonbandaufnahme. Soll beispielsweise eine längere Aufnahme angefertigt werden, die lediglich Sprache beinhaltet, reicht die Auswahl einer geringeren Bandgeschwindigkeit. Für die Sprache wird nicht unbedingt eine Hi-Fi-Tonqualität benötigt. Vielleicht wissen Sie, dass die Sprache sowieso nur über einen relativ geringen Frequenzbereich übertragen wird. Sicherlich kennen Sie dies von einem Telefongespräch, bei dem ebenfalls nur ein sehr geringer Frequenzbereich übertragen wird, trotzdem bleibt dabei die Sprache verständlich. Sollen mit einem Tonbandgerät hingegen hochqualitative Musikaufnahmen angefertigt werden, wählt man eine höhere Bandgeschwindigkeit. Zwar steht hier nur eine geringere Spielzeit zur Verfügung, trotzdem ist die hohe Bandgeschwindigkeit aufgrund der wesentlich besseren Klangqualität notwendig.

Doch warum ist eigentlich die Klangqualität bei einer höheren Bandgeschwindigkeit besser und umgekehrt? Hochwertige Musikaufnahmen spiegeln sich in einem relativ großen Frequenzbereich wieder. Es gibt die tiefsten Bässe ebenso wie die brillanten Höhen, die alle in einer guten Qualität aufgezeichnet werden wollen. Die Aufzeichnung von Sprache ist dagegen eine relativ anspruchslose Angelegenheit. Man könnte auch sagen, dass die Anfertigung von hochwertigen Musikaufnahmen eine größere Bandbreite (nicht wörtlich nehmen) erfordert. Mit der Bandbreite ist in diesem Fall die Spanne zwischen der niedrigsten und der höchsten Frequenz einer Musikaufzeichnung gemeint. Je höher diese Bandbreite ist, desto höher ist auch die dafür erforderliche Aufzeichnungsgeschwindigkeit, also die Bandgeschwindigkeit.

Natürlich gibt es noch andere Faktoren, von denen die Qualität der Aufnahme abhängt, beispielsweise von der Art und der Qualität des Bandmaterials. Dennoch lässt sich sagen, dass hochwertige Aufnahmen im Musikbereich eine höhere Bandgeschwindigkeit erforderlich machen. Bei den in professionellen Studios eingesetzten Maschinen betrug diese Geschwindigkeit nicht selten 38 oder sogar 76 cm/s. Die für den Heimbereich gebauten Bandmaschinen besitzen entweder eine oder mehrere Bandgeschwindigkeiten, die meist in einem Bereich zwischen 2,4 und 19 cm/s (Zentimeter pro Sekunde) liegen. Hinsichtlich der Bandgeschwindigkeit und dem damit verbundenen Aufnahmezweck haben sich folgende Aufnahmegewohnheiten bzw. Anwendungsbereiche ergeben:

- **2,4 cm/s:** hauptsächlich für die Langzeitspeicherung von Sprachaufnahmen verwendet (beispielsweise Diktate oder Konferenzen)
- **4,75 cm/s:** bandsparende Speicherung einfacher Musik oder Sprache, manche Geräte ermöglichen sogar schon die Anfertigung von Hi-Fi-Aufnahmen
- **9,5 cm/s:** hochwertige Aufnahmen mit einem breiten Frequenzbereich möglich, die von nahezu jedem Tonbandgerät beherrschte Bandgeschwindigkeit
- **19 cm/s:** zur Anfertigung besonders hochwertiger Musikaufnahmen, oft auch eine im professionellen Bereich genutzte Bandgeschwindigkeit

Wie schon angedeutet, hängt die Aufnahmequalität bei der jeweiligen Bandgeschwindigkeit stark von der Qualität des Tonbandgerätes, zum anderen auch von der Qualität des Bandmaterials ab. Einige Geräte liefern schon bei relativ geringen Geschwindigkeiten sehr gute Aufnahmen, andere dagegen benötigen eine hohe Bandgeschwindigkeit und entsprechendes Bandmaterial für die Anfertigung hochwertiger Musikaufnahmen. Außerdem hängt es vom Alter und vom Zustand des Tonbandgerätes, dessen Tonköpfen und natürlich vom Zustand des verwendeten Bandmaterials ab, welche Bandgeschwindigkeit für Aufnahmen in einer bestimmten Klangqualität gewählt werden sollte. Normalerweise sollten allerdings bei 9,5 oder 19 cm/s schon vernünftige Aufnahmen möglich sein, andernfalls liegt möglicherweise ein Defekt oder ein übermäßiger Verschleiß am Tonbandgerät vor.

Die Einstellung der Bandgeschwindigkeit kann übrigens auf unterschiedliche Art und Weise erfolgen. Bei vielen Tonbandgeräten aus den 1960er oder 1970er Jahren erfolgt die Umschaltung der

Bandgeschwindigkeit (sofern das Gerät über mehrere Bandgeschwindigkeiten verfügt) auf mechanische Art und Weise, bei einigen Geräten aus späterer Fertigung erfolgt sie rein elektronisch über eine Drehzahlregelung des Capstanmotors. Sehen Sie sich dazu auch die folgende Abbildung 2.4.1 an, in der eine mechanische Umschaltung der Bandgeschwindigkeit zu sehen ist.

2.4.1 Antrieb des Schwungrades mit verschiedenen Bandgeschwindigkeiten

Je nach gewählter Bandgeschwindigkeit (9,5 oder 19 cm/sek.) erfolgt der Antrieb des Schwungrades entweder über einen etwas kleineren oder einen größeren Durchmesser der Riemenscheibe am Antriebsmotor. Das Umlegen des Antriebsriemens und damit die Umschaltung der Bandgeschwindigkeit erfolgt über einen Umleghebel (siehe Abbildung). Der Motor läuft indes immer mit konstanter Drehzahl. Es gibt aber auch Geräte mit einer elektronischen Umschaltung der Bandgeschwindigkeit, bei der die Drehzahl des Antriebsmotors elektronisch umgeschaltet wird. In der folgenden Abbildung 2.4.2 sehen Sie den Geschwindigkeitsumschalter für vier Bandgeschwindigkeiten an einem alten Tonbandgerät aus den 1960er Jahren.

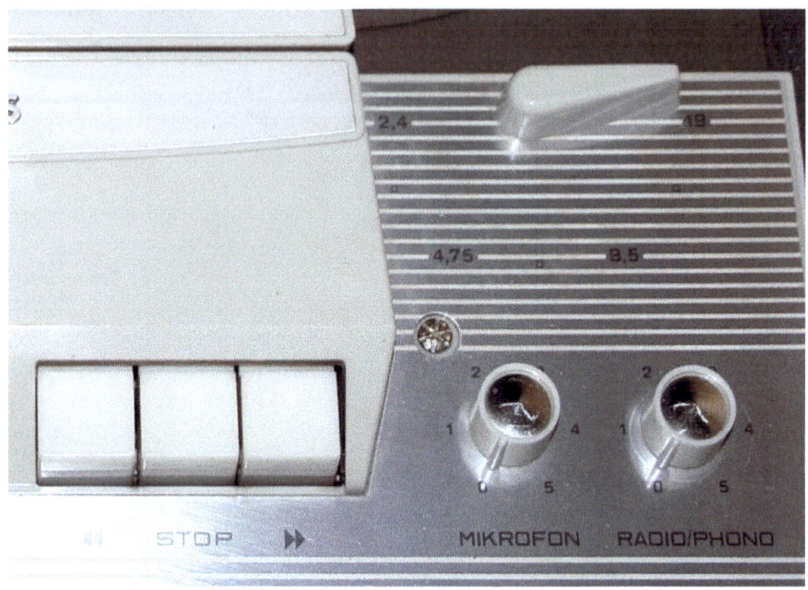

2.4.2 Umschalter für die Bandgeschwindigkeit (Philips EL 3549)

Die Bandgeschwindigkeit bei einem Kassettengerät beträgt übrigens 4,76 cm/s. Die auch bei der Kassette erreichte, zum Teil sehr gute Klangqualität ist auf die enorme Weiterentwicklung der Magnetbänder und der Elektronik der Kassettendecks zurückzuführen. Bereits bei dieser relativ geringen Bandgeschwindigkeit sind Aufzeichnungen in einem weiten Frequenzbereich möglich geworden. In der Anfangszeit der „Compact Cassette" (kurz CC) waren allerdings solche guten Aufzeichnungsqualitäten noch nicht denkbar. Ältere Kassettengeräte aus der Anfangszeit wurden daher hauptsächlich für Sprachaufnahmen verwendet. Das Tonband war damals das Mittel der Wahl für höherwertige Musikaufnahmen. Erst im Laufe der weiteren Jahre konnte sich schließlich die Kassette gegenüber dem Tonband behaupten, nicht zuletzt wegen der einfacheren Handhabung, der geringeren Größe und der weiten Verbreitung der Kassetten und der dazugehörigen Aufnahme- und Abspielgeräte. Die Kassette eroberte sich dazu noch andere Anwendungsbereiche, beispielsweise das Abspielen von Musikkassetten mithilfe von Autoradios mit einem Kassettenteil.

2.5 Tonbandaufnahmen sichern und auf den Computer überspielen

In vielen Kellerräumen oder auf vielen Dachböden befinden sich noch diverse Schränke oder Kisten mit alten Tonbändern, die vor etlichen Jahrzehnten aufgenommen wurden. Immer wieder stellt sich die Frage, ob und wie sich solche Aufnahmen noch sichern lassen, sei es nun für den „Eigenbedarf" oder zum Sichern für die Nachwelt bzw. die eigene Familie. Sehr naheliegend ist es, die Sicherung der alten Tonbandaufnahmen mithilfe eines Computers durchzuführen. Die Aufnahmen werden dabei digitalisiert (in Computerdaten umgewandelt) und auf der Festplatte oder auf mehreren CDs gespeichert.

Die meisten Computer bringen von Haus aus bereits die wichtigsten Mittel mit, um dieses Vorhaben umzusetzen. Die Soundkarte hat einen Audioeingang, der sich mit etwas mit dem Audioausgang des Tonbandgerätes verbinden lässt. Doch wie stellt man das überhaupt an? Sind die Anschlüsse überhaupt kompatibel? Welche Verbindungskabel oder Adapter werden zum Überspielen der alten

Tonbandaufnahmen benötigt? Diese Fragen gilt es zu beantworten. Außerdem benötigen Sie eine passende Software, um die Tonbandaufnahmen und die daraus entstandenen Audiosignale auf dem PC in digitale Daten umzuwandeln, beispielsweise in MP3-Dateien. Beginnen wir zunächst mit den Anschlüssen an einem Tonbandgerät und einem passenden Verbindungskabel zum Audioeingang eines Computers. Die meisten Tonbandgeräte besitzen sogenannte DIN-Buchsen wie die im Abschnitt 2.2 gezeigten. Sie haben dort bereits die Anschlussbelegungen solcher Stecker gesehen. Nun muss eine Verbindung zum Eingang der Soundkarte in Ihrem Computer hergestellt werden. Die entsprechenden Eingänge an der Soundkarte sind in der Regel in Form einer Klinkenbuchse ausgeführt.

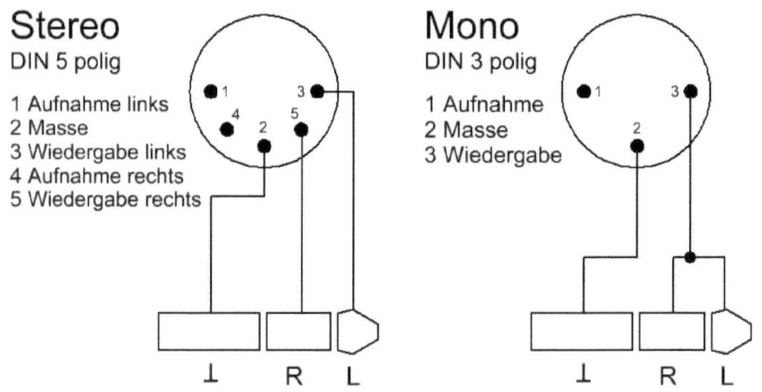

2.5.1 Adapter von DIN auf Klinke in Mono und Stereo

In der Abbildung 2.5.1 sehen Sie, welche Verbindungen ein Adapterkabel von DIN auf Klinke herstellen muss, damit das

Audiosignal aus dem Tonbandgerät von der Soundkarte aufgenommen werden kann.

Beim Anschluss des Tonbandgerätes an den Computer sollten Sie beachten, dass die Soundkarte einen entsprechenden Stereoeingang benötigt. Sie erkennen ihn meistens an der blauen Einfärbung der jeweiligen Klinkenbuchse an der Soundkarte bzw. am Computer. Leider besitzen heute nicht mehr alle Computer einen solchen Anschluss, beispielsweise viele modernere Laptops. Häufig besitzen diese Geräte nur eine einzige Klinkenbuchse, die als vierpoliger Anschluss ausgeführt ist. Ein solcher Anschluss eignet sich nicht zum Überspielen des Stereosignals eines Tonbandgerätes auf den Computer in Stereo. Ebenso wenig geeignet ist der Mikrofoneingang an der Soundkarte, der oft rosafarben ist. Falls Sie keinen Computer mit einer entsprechenden Line-in-Buchse besitzen, benötigen Sie eine externe Soundkarte, die meist relativ preisgünstig erhältlich ist und an den USB-Anschluss eines Computers angeschlossen wird. Achten Sie allerdings darauf, ein Exemplar mit einem Stereoeingang zu kaufen. Viele der einfach ausgeführten (und preisgünstigen) Exemplare dieser externen Soundkarten haben ebenfalls nur einen Monoeingang, ähnlich wie viele moderne Laptops.

Wurde der Anschluss soweit hergestellt, benötigen Sie noch eine passende Software zum Überspielen bzw. Digitalisieren der Aufnahmen. Ein Beispiel für eine kostenlose und gute Software ist das Programm „Audacity". Mit diesem Programm können Sie Audioaufnahmen anfertigen, darunter auch solche aus Eingangssignalen vom Line-in-Anschluss der Soundkarte. Sie müssen in der Software lediglich die entsprechende Eingangsquelle einstellen. Sie finden diese Einstellung im Programmfenster von Audacity im oberen Bereich (je nach Version, siehe auch die Markierung in der folgenden Abbildung 2.5.2). Achten Sie unbedingt darauf, dass der Eingang auch auf Stereo eingestellt wird, damit die Übertragungen von einem Tonbandgerät zum Computer auch in Stereo erfolgen können und mit einer dementsprechenden Qualität aufgezeichnet werden.

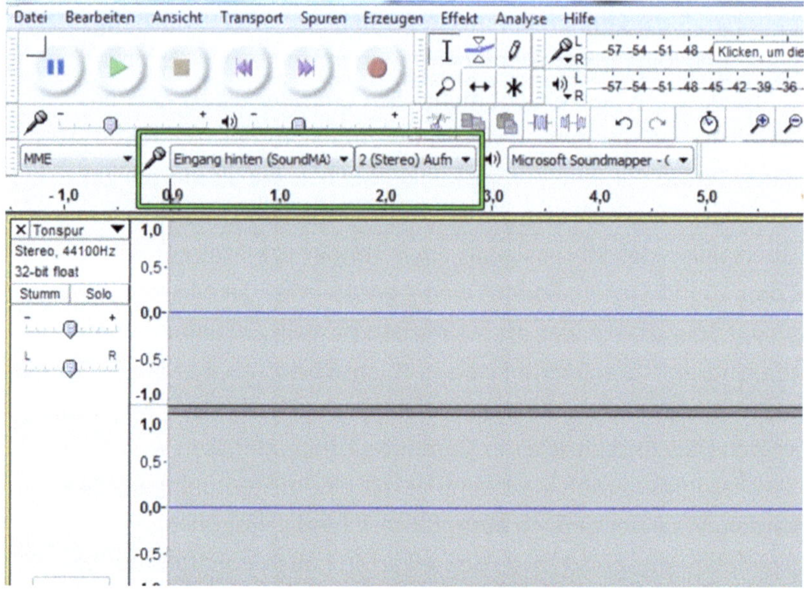

2.5.2 Die Eingangsquelle in Audacity muss richtig eingestellt werden

Die Benennung der entsprechenden Einstellmöglichkeiten kann sich je nach Ausführung Ihrer Soundkarte von denen in der Abbildung unterscheiden. Achten Sie darauf, dass der richtige Eingang eingestellt wird und die Aufnahme in Stereo erfolgt, sofern Sie ein Stereotonbandgerät an den Computer anschließen und Stereoaufnahmen anfertigen möchten.

Tipp: Am besten nehmen Sie eine Einstellung in Audacity vor, durch welche Sie die aktuell laufende Aufnahme über den Audioausgang des Computers bereits abhören können, noch während diese erfolgt.

Sie finden diese Einstellung unter „Datei" und „Einstellungen". Sehen Sie sich dazu auch die folgende Abbildung 2.5.3 an.

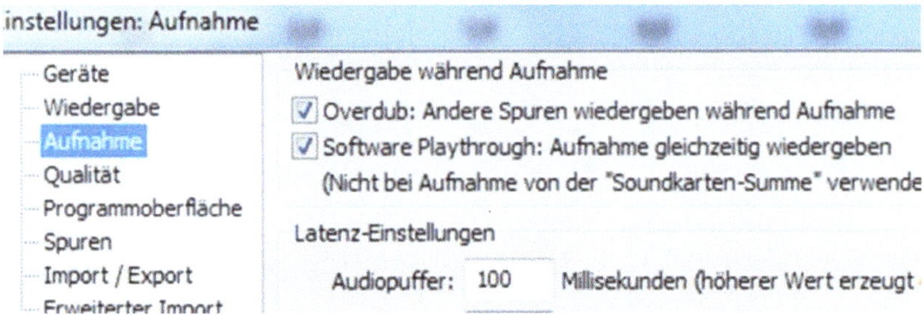

2.5.3 Software Playthrough zum Mithören der aktuellen Aufnahme aktivieren

2.6 Eigene Bandaufnahmen anfertigen und wie dies funktioniert

Möglicherweise möchten Sie auch eigene Bandaufnahmen anfertigen, entweder zum Testen der Aufnahmefunktion Ihres Tonbandgerätes oder für das anschließende Anhören von modernen Bandaufnahmen mithilfe eines Tonbandes. Wenn Sie ein entsprechendes Überspielkabel besitzen, können Sie die Ausgangssignale von einem Computer, von einem CD-Player oder MP3-Player verwenden, um eigene Aufnahmen anzufertigen. Das Kabel muss dazu nur die Signale genau in umgekehrter Richtung leiten. Statt der Line-in-Buchse am Computer nutzen Sie den Line-out-Ausgang, der meist in Form einer grünen Anschlussbuchse vorhanden ist. Die Anschlussbelegung der DIN-Buchse für die Aufnahme mit einem Tonbandgerät finden Sie in der Abbildung 2.6.1. Sie müssen statt der Ausgänge lediglich die Eingänge verwenden.

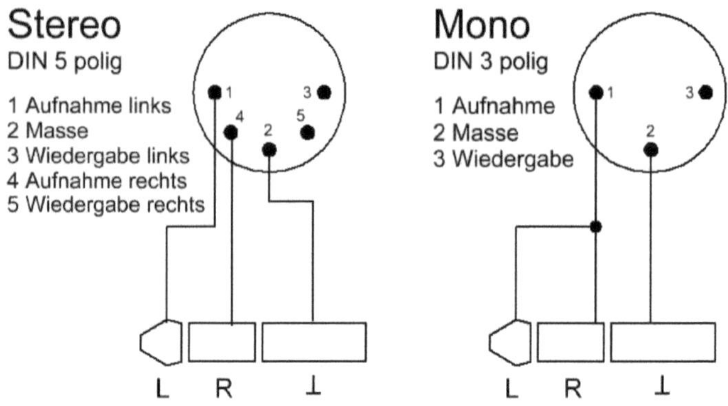

2.6.1 Adapterkabel für Aufnahmen mit dem Tonbandgerät

Als sehr praktisch haben sich einfache Adapterkabel von DIN auf Cinch erwiesen, die einen DIN-Stecker sowie insgesamt vier Cinchbuchsen beinhalten. Mithilfe eines solchen Adapters und eines zusätzlichen Adapterkabels von Cinch auf einen Klinkenstecker können wahlweise sowohl die Eingänge als auch die Ausgänge eines Tonbandgerätes problemlos mit dem Eingang oder dem Ausgang einer Soundkarte verbunden werden. Zwei passende Adapterkabel sehen Sie in der folgenden Abbildung 2.6.2. Durch den zusätzlichen Adapter von Cinch auf Klinke sind Sie zudem in der Lage, den Eingang oder den Ausgang Ihrer Soundkarte mit den entsprechenden Cinchanschlüssen an anderen Audiogeräten zu verbinden. Dies gilt sowohl für Tonbandgeräte mit Cinchanschlüssen als auch für andere Audiogeräte wie zum Beispiel Kassettendecks, mit deren Hilfe es dann möglich wäre, Kassettenaufnahmen auf gleiche Weise auf einen PC zu überspielen (oder umgekehrt) wie die Tonbandaufnahmen.

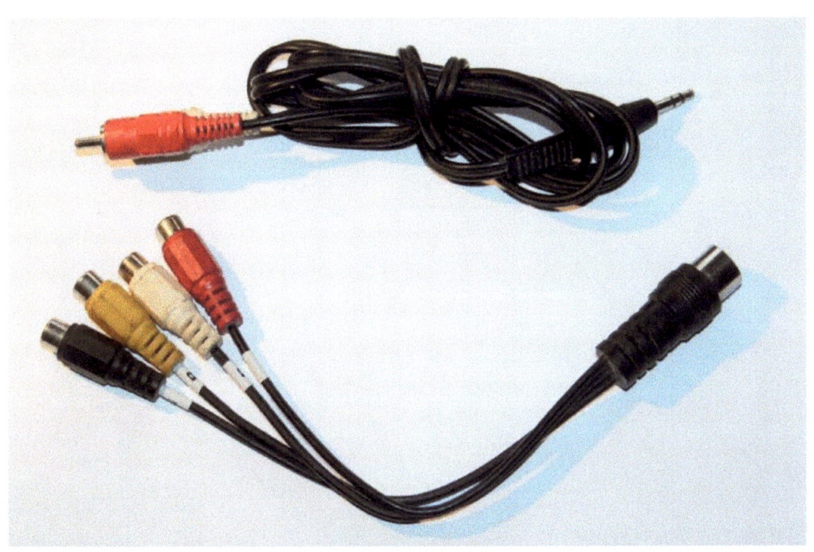

2.6.2 Adapterkabel von DIN auf Cinch (unten) und von Cinch auf einen Klinkenstecker (oben)

Bei der Aufnahme mit dem Tonbandgerät sollten Sie allerdings ein paar wichtige Dinge beachten. Nur so gelingen Ihnen einwandfreie und nicht übersteuerte Aufnahmen. Wenn das Gerät keine automatische Aufnahmeaussteuerung besitzt, nehmen Sie die im Gerät eingebauten Instrumente zur Hilfe, die in der Regel als Zeigerinstrumente (bei älteren Röhrengeräten auch als Magische Augen bzw. Magische Bänder) ausgeführt sind. Sehen Sie sich dazu auch die folgende Abbildung 2.6.3 an. Sie zeigt zwei Stereo-Aussteuerungsinstrumente in einem Tonbandgerät aus den 1970er Jahren, die als Zeigerinstrumente ausgeführt sind und eine Dezibel-Skala besitzen. Direkt daneben befinden sich die beiden Schieberegler zum Einstellen der Aufnahmeaussteuerung.

2.6.3 Aussteuerungsinstrumente in einem Tonbandgerät

Um eine eigene Tonbandaufnahme, beispielsweise mithilfe eines
Computers, eines CD-Players oder eines MP3-Players anzufertigen,
gehen Sie wie folgt vor:

- Verbinden Sie zunächst die Audioquelle (zum Beispiel den
  Computer über den Line-out-Anschluss der Soundkarte oder
  einen MP3-Player) mithilfe eines Adapterkabels mit dem
  Tonbandgerät. Handelt es sich um einen CD- oder MP3-
  Player, stellen Sie die Lautstärke an diesem nicht zu laut ein.
  Den DIN-Stecker verbinden Sie nun mit dem entsprechenden
  Anschluss am Tonbandgerät (in der Regel ein Anschluss mit
  der Bezeichnung „Radio" oder ähnlich). Falls Sie hierzu Hilfe
  benötigen, sehen Sie sich nochmals den Abschnitt 2.2 in
  diesem Buch an.

- Wurde der Anschluss hergestellt, starten Sie die Wiedergabe an der Audioquelle (MP3-Player oder ein Wiedergabeprogramm auf Ihrem Computer) und drücken die Aufnahmetaste am Tonbandgerät. Das Band muss dazu noch nicht gleich laufen (gegebenenfalls die Pausetaste drücken). Mithilfe der Regler für die Aufnahmeaussteuerung (siehe auch die beiden Schieberegler mit der Bezeichnung „Level" in Abbildung 2.6.3) stellen Sie die Aufnahmeaussteuerung richtig ein. Achten Sie dabei darauf, dass die Zeiger nicht oder nur ganz selten bis in den roten Bereich ausschlagen. Gegebenenfalls müssen Sie dazu auch die Lautstärke Ihrer Audioquelle anpassen, falls Sie einen MP3-Player verwenden.
- Haben Sie die Aufnahmeaussteuerung eingestellt, machen Sie einfach eine kurze Probeaufnahme von einigen Sekunden. Hören Sie sich diese Aufnahme anschließend an, um die Tonqualität und die Höhe der richtigen Aufnahmeaussteuerung zu beurteilen.
- Funktioniert die Aufnahme soweit, können Sie die gewünschten Audioaufnahmen auf das Tonband überspielen. Falls nicht, wiederholen Sie die vorangegangenen Arbeitsschritte, bis Sie ein gutes Ergebnis in Form einer vernünftigen Aufnahmequalität erhalten.

Eine Voraussetzung für eine solche Aufnahme ist natürlich, dass das Tonbandgerät einwandfrei funktioniert (Aufnahme und Wiedergabe). Außerdem sollten Sie vor der Aufnahme sicherstellen, dass die Bandführungen und Tonköpfe sauber sind. Für hochwertige Aufnahmen benötigen Sie außerdem ein vernünftiges Tonband bzw. entsprechendes Bandmaterial. Mehr Informationen zu diesem finden Sie auch in Kapitel 3.

2.7 Weitere Informationen zu den Tonbandaufnahmen

Einige Tonbandgeräte bieten noch Zusatzfunktionen. Dazu gehört beispielsweise eine automatische Aufnahmeaussteuerung, welche die Aufnahme von eigenen Tonbändern erleichtern soll. Das im vorigen Abschnitt beschriebene Einpegeln der Aufnahme kann damit entfallen. Viele alte Tonbandgeräte mit einer automatischen Aufnahmeaussteuerung sind mit einem Zusatz versehen, der meist als „Automatic" bzw. „Automatik" zu sehen ist. Sie dazu auch die folgende Abbildung 2.7.1, die ein Tonbandgerät mit einer automatischen Aufnahmeaussteuerung zeigt.

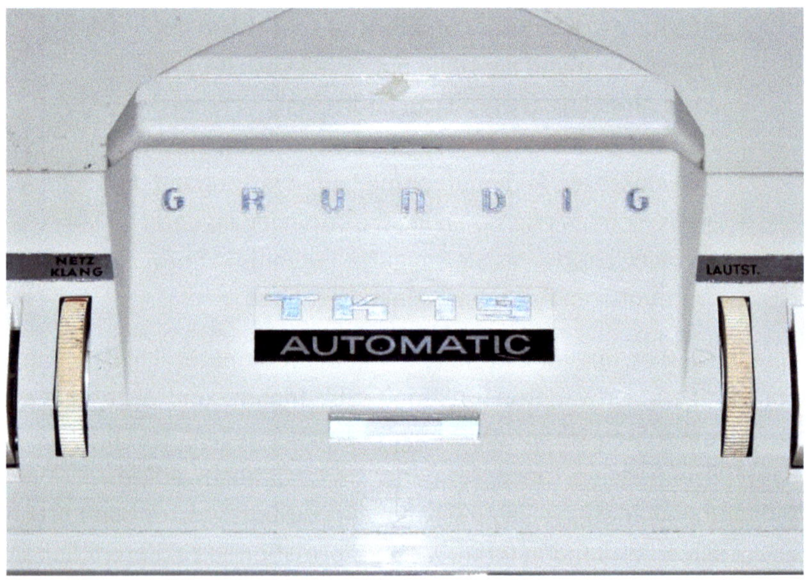

2.7.1 Tonbandgerät mit automatischer Aufnahmeaussteuerung

In der Regel können Sie einstellen, ob die Aufnahmeaussteuerung automatisch oder manuell erfolgen soll. Wird sie manuell eingestellt, erfolgt sie entweder mit einem entsprechend gekennzeichneten Regler oder oft auch mit dem Lautstärkeregler des Tonbandgerätes.

Eine sehr wichtige Funktion für die Aufnahme von eigenen Tonbändern ist auch die sogenannte Hinterbandkontrolle. Diese nützliche Funktion erlaubt es, die Aufnahme vom Band direkt abzuhören, noch während sie läuft. Möglich wird dies durch separate Aufnahme- und Wiedergabeköpfe, die in Geräten mit dieser Funktion eingebaut sind. Ebenso erfolgen die Aufnahme und die Wiedergabe des Bandes durch getrennte Verstärkerteile. Das Band wird also durch die Aufnahmequelle, den Aufnahmeverstärker und den Aufnahmekopf bespielt, zeitgleich erfolgt die Wiedergabe durch einen Wiedergabekopf, den damit verbundenen Verstärkerteil und über den Lautsprecher oder einen Kopfhörer. Sie können also die Qualität der Aufnahme überprüfen, noch während diese läuft.

Sehr nützlich ist diese Funktion bei Probeaufnahmen, beispielsweise beim Einstellen der Aufnahmeaussteuerung. Sie hören dadurch sofort, ob die Aufnahme zu leise erfolgt oder bereits übersteuert ist. Praktisch ist diese Funktion auch zum Testen unterschiedlicher Bänder in verschiedenen Qualitäten oder für eine Funktionskontrolle des Tonbandgerätes bzw. dessen Aufnahmefunktion. Die Abbildung 2.7.2 zeigt in einer schematischen Darstellung die Aufnahme mit einer Hinterbandkontrolle bei gleichzeitiger Wiedergabe mithilfe separater Tonköpfe für die Aufnahme und Wiedergabe sowie mit einem separaten Wiedergabeverstärker mit angeschlossenem Lautsprecher oder Kopfhörer. Die Wiedergabe der zuvor gemachten Aufnahme erfolgt bedingt durch den Bandtransport und den Abstand der beiden Köpfe zueinander etwas zeitversetzt. Abhängig von der aktuell eingestellten Bandgeschwindigkeit ist die Zeitspanne zwischen der Aufnahme und der Wiedergabe nur sehr kurz. Sie beträgt in der Regel nur wenige Bruchteile einer einzigen Sekunde. Wundern Sie sich daher nicht, wenn Sie während der Aufnahme beispielsweise den Regler für die Aufnahmeaussteuerung einstellen, die Reaktion auf diese Einstellung jedoch etwas zeitversetzt erfolgt.

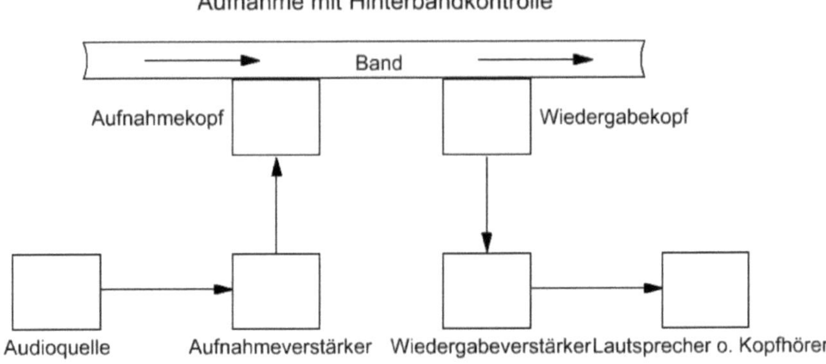

2.7.2 Aufnahme mit Hinterbandkontrolle

Noch ein paar Tipps zu den Tonbandaufnahmen: Als Orientierungshilfe besitzen die meisten Tonbandgeräte ein Bandzählwerk. Dieses Zählwerk erlaubt es Ihnen, nach einer Probeaufnahme wieder sehr einfach den Anfang der zuvor gemachten Aufnahme zu finden. Einige Geräte besitzen sogar eine Memoryfunktion. Mithilfe dieser Funktion können Sie das Band zum Beispiel in der Stellung „0000" des Bandzählwerkes automatisch stoppen lassen. Hilfreich ist es, vor dem Start der Bandaufnahme das Zählwerk auf „Null" zu stellen, um den Aufnahmeanfang besser wiederzufinden.

Statt einer externen Audioquelle können Sie natürlich auch ein Mikrofon (Mono oder Stereo) verwenden. Die meisten

Tonbandgeräte besitzen dazu einen separaten Mikrofoneingang. Einige der Geräte besitzen sogar separate Regler für die Aufnahmeaussteuerung für den Mikrofoneingang sowie für die anderen Eingänge (oft zum Beispiel mit Radio, Phono oder ähnlichen Bezeichnungen versehen). Wenn Sie eine Mikrofonaufnahme anfertigen möchten, sollten Sie unbedingt den Mikrofoneingang verwenden, da dieser mit einem deutlich geringeren Eingangssignal von nur wenigen Millivolt auskommt. Wie Sie bereits erfahren haben, können die Anschlüsse an einem Tonbandgerät unterschiedlich gekennzeichnet sein. Zum Teil finden Sie auch nur Symbole vor wie in der folgenden Abbildung 2.7.3.

2.7.3 Symbole an den Anschlussbuchsen

Der obere Anschluss (1) Ist der Mikrofonanschluss, direkt darunter (2) befindet sich der Anschluss für einen Plattenspieler. Der untere Anschluss mit dem etwas seltsam aussehenden Symbol ist der Anschluss für einen externen Verstärker oder für ein Radiogerät. Er

beinhaltet den Ausgang sowie den Eingang für eine Bandaufnahme
(vergleichbar mit einem Line-in/Line-out-Anschluss).

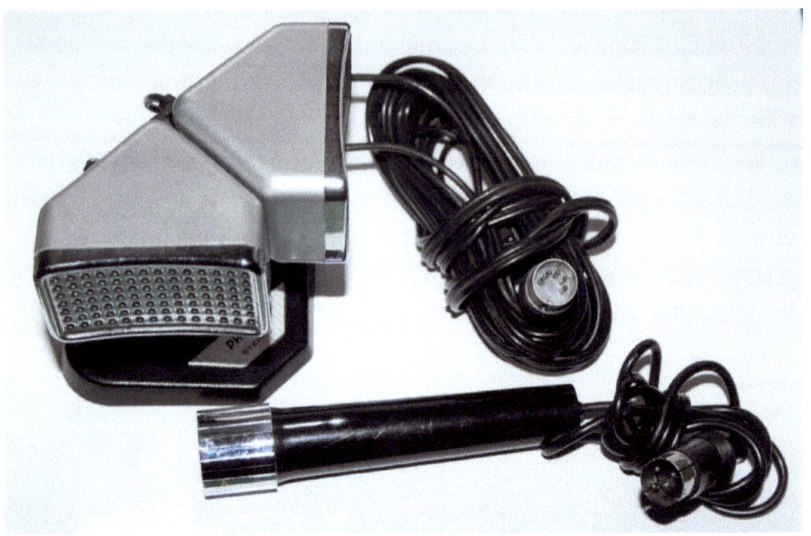

**2.7.4 Stereomikrofon (links oben) und Monomikrofon (rechts unten) mit DIN-
Anschlüssen für Bandgeräte**

In der Abbildung 2.7.4 sehen Sie zwei verschiedene Mikrofone mit
DIN-Steckern, wie diese für den Anschluss an die meisten
Tonbandgeräte geeignet sind. Bei der Nutzung eines Stereomikrofons
lassen sich sehr interessante Aufnahmen anfertigen, besonders bei
der Verwendung hochwertiger Tonbandgeräte und auf gutem
Bandmaterial. Übrigens können solche Mikrofone natürlich auch für
den Anschluss an Kassettengeräte eingesetzt werden. Viele ältere
Kassettenrekorder besitzen ebenfalls DIN-Anschlüsse. Die
Aufnahmeaussteuerung kann wie gewohnt über die entsprechenden
Regler eingestellt werden.

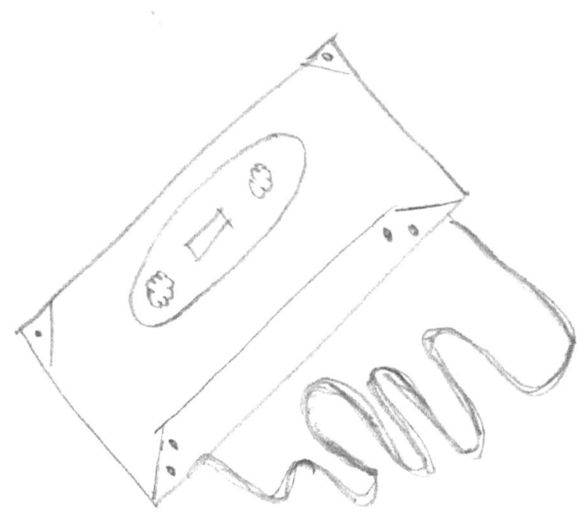

Bandsalat!

Kapitel 3: Das Bandmaterial für die Bandmaschinen

Während es in den vorangegangenen Kapiteln mehr um die Tonbandgeräte und deren Technik ging, dreht sich in diesem Kapitel alles um die Bänder, also um das Bandmaterial für die Tonbandmaschinen. Einiges zur Behandlung und zum Umgang mit den alten Bändern haben Sie schon in Kapitel 1 dieses Buches nachlesen können. Aber gibt es eigentlich noch neues Bandmaterial oder müssen Sie ausschließlich auf alte Bandspulen samt Tonband zurückgreifen? Können Sie ein altes Tonband einfach so auflegen und abhören oder gibt es dabei einige Dinge zu beachten? Dies sind alles Fragen, um deren Beantwortung es hier geht. Außerdem erfahren Sie noch, was für Bandspulen häufig verwendet werden hinsichtlich der Größen und Ausführungen. Sie erfahren, was es mit dem Vorspannband und der Schaltfolie auf sich hat, welche Unterschiede es zwischen den verschiedenen Bändern bzw. Bandsorten gibt und erhalten noch einige weitere wichtige Informationen. Ein weiteres und wesentliches Gebiet soll ebenfalls angesprochen werden, nämlich das Schneiden von Bändern, das seinerzeit ein wichtiger Bestandteil von vielen Hobby-Tontechnikern und am Tonbandhobby begeisterten Menschen war. Im Gegensatz zum Bandmaterial in einer Tonbandkassette wurde das Bandmaterial für die Tonbandgeräte nämlich nicht nur geschnitten, wenn es einmal gerissen war, sondern auch aus anderen Gründen, zum Beispiel zum Zusammenstellen verschiedener Tonbandabschnitte und individueller Aufnahmen. Das Schneiden der Tonbänder oder das Anbringen von Vorspannbändern ist keine Hexerei, sondern mit den richtigen Mitteln wie einem Schnitt- und Klebeset sogar relativ einfach.

3.1 Altes und neues Bandmaterial nutzen

Wo ein Tonbandgerät vorhanden ist, gibt es meistens noch eines oder mehrere Tonbänder. Ob dieses Bandmaterial überhaupt noch nutzbar ist oder ob es besser entsorgt werden sollte, hängt natürlich ganz von dessen Zustand ab. Leider werden viele Tonbänder alles andere als günstig gelagert, was sich natürlich auch auf den Zustand des Bandmaterials und den Aufnahmen darauf auswirkt. Das meiste Bandmaterial für den westdeutschen Markt kam damals von Firmen wie AGFA und BASF, teilweise auch von japanischen Herstellern wie zum Beispiel Maxell oder Scotch, um ein paar Namen zu nennen. In den letzten Jahrzehnten hat sich allerdings der Markt deutlich verändert. Tonbänder werden mittlerweile nur noch sehr selten als Neuware angeboten. Achten Sie unbedingt darauf, wenn Sie neues Bandmaterial erwerben möchten. Lassen Sie sich in diesem Fall keine alten Bänder als Neuware verkaufen. Die in genannten Tonbandmarken wie zum Beispiel AGFA und BASF gibt es in dieser Form schon lange nicht mehr.

Neues Bandmaterial erhalten Sie heute (Stand 2021) zum Beispiel noch von RTM (Recording the Masters), einem der letzten Hersteller für analoge Tonbänder. Der Hersteller wirbt damit, heute noch Bänder herzustellen, die von den Spezifikationen her den Originalbändern der eben genannten ehemaligen Hersteller entsprechen. Neben den Tonbändern bzw. dem Bandmaterial bietet dieser Hersteller auch Audiokassetten an. Erhältlich sind diese Artikel zum Beispiel dort, wo Technik für die Musikbranche bzw. Musikequipment angeboten wird. Bedenken Sie allerdings, dass der Einsatz solcher Bänder nur auf einwandfrei reparierten bzw. intakten Tonbandgeräten Sinn macht, um die Bandqualität voll ausschöpfen zu können. Erhältlich sind die Bänder mit unterschiedlichen Spulengrößen.

Wesentlich häufiger zum Einsatz kommen noch alte Tonbänder, die meist aus Konvoluten oder alten Sammlungen stammen. Häufig werden diese Tonbänder zusammen mit entsprechenden Geräten angeboten, wenn Sie am Kauf gebrauchter Sachen interessiert sind. Der Kauf solchen alten Bandmaterials ist keineswegs uninteressant, bieten die alten Bänder doch einige Schätze an alten Aufnahmen, die sicherlich für viele Menschen interessant sind. Da sind oft zum Beispiel Mitschnitte alter Radio- oder Fernsehtonaufnahmen zu finden, oft sogar alte Nachrichtensendungen oder Werbung. Wenn Sie beim Kauf solcher Artikel Glück haben, lassen sich die Bänder sogar noch sehr gut verwenden, wenn sie vernünftig gelagert wurden und noch in einem guten Zustand sind. Der Kauf solcher Konvolute ist allerdings eine Glückssache, das sollte Ihnen bewusst sein. Sie können sehr gutes Bandmaterial erhalten oder nahezu unbrauchbare Spulen bzw. Bänder, die sich bestenfalls noch zum einmaligen Überspielen der Inhalte eignen, wenn sich das lohnt.

3.2 Einfach ein Band auflegen und abhören?

Wenn Sie noch altes Bandmaterial besitzen oder ein Konvolut aus Bändern zusammen mit einem Tonbandgerät erworben haben, möchten Sie wahrscheinlich gerne die alten Aufnahmen einfach anhören. Dies ist auch kein Problem, wenn das Tonbandgerät funktionsfähig ist und die Tonbänder in einem Zustand sind, in dem sie problemlos abgespielt werden können, also weder zu stark verschmutzt noch beschädigt sind. Sie sollten allerdings auch darauf achten, dass das verwendete Bandmaterial auch zu Ihrem Gerät passt. Aber woran können Sie das erkennen? Hier sind einige Hinweise dazu:

- Wenn das Tonbandgerät zusammen mit entsprechenden Bändern erworben wurde, ist die Wahrscheinlichkeit sehr hoch, dass die Bänder auch zum Gerät passen (aber es gibt natürlich keine Garantie).
- Das Tonbandgerät und die enthaltenen Tonbänder sind ungefähr in die gleiche Zeit einzuordnen.
- Die Bandspulen passen auf das Tonbandgerät (vom Material oder von der Spulengröße).
- Die Tonbänder wurden mit der gleichen Technik des vorhandenen Tonbandgerätes aufgenommen (Mono/Stereo, Zweispur/Vierspur). Dies können Sie beispielsweise beim ersten Abspielen erkennen. Wenn die Tonspuren der Aufnahmen nicht mit denen des Gerätes übereinstimmen, hören Sie dann die gesamte Aufnahme oder einen Teil davon rückwärts, oft auch sehr dumpf.
- Die Bandgeschwindigkeit der Aufnahme (4,75/9,5/19 cm/sek) lässt sich nicht mit dem vorhandenen Tonbandgerät einstellen.

Wenn das Gerät funktionsfähig ist, die Aufnahmen klar und deutlich sind und die Abspielgeschwindigkeit stimmt, sind dies schon einmal sehr gute Voraussetzungen. Dies gilt besonders dann, wenn die Tonbandspulen auch optisch in die Zeit des Gerätes passen. Siehe dazu auch die Abbildung 3.2.1, die ein altes Tonbandgerät mit zeitgemäßen Bandspulen zeigt. Die Spulen in der Abbildung sind außerdem sehr stark verschmutzt, das Bandmaterial selbst zeigt eine leichte weißliche Verfärbung. Solche Bänder sollten Sie nicht direkt abspielen. Lesen Sie dazu auch die Hinweise im folgenden Abschnitt, in denen es um die Reinigung des Bandmaterials und der Spulen geht. Eine solche Grundreinigung ist zum Beispiel dann sinnvoll, wenn ein altes Band zum Überspielen bzw. Digitalisieren abgespielt werden soll, ebenso aber auch für die Inbetriebnahme eines alten Tonbandgerätes, damit durch den Schmutz und die Ablagerungen nicht die Bandführungen sofort wieder nach der Reinigung neu verschmutzen.

3.2.1 Altes Tonbandgerät mit ebenso alten Tonbandspulen

3.3 Bandmaterial und Spulen reinigen

Wenn das Bandmaterial eine Grundreinigung benötigt, werden Sie dies in der Regel sofort erkennen (siehe dazu auch die Abbildung 3.2.1). Wie wird nun aber eine solche Reinigung möglichst schonend und effektiv durchgeführt? Dazu folgen hier nun einige Hinweise. Diese gelten dann, wenn Sie Bandmaterial ähnlich der zu sehenden Abbildung auffinden. Die Reinigung lohnt sich durchaus in vielen Fällen, da solche alten Bandaufnahmen nicht uninteressant sind. Oft sehen die Bänder so aus, wenn sie nicht ausreichend vor Staub geschützt wurden. Sogar die Spule ist mit einer starken Schmutzschicht versehen. Ein solches Band sollten Sie besser nicht ohne eine gründliche Reinigung einlegen und abspielen, da sich die starken Verschmutzungen sonst sehr schnell an den Bandführungen und auf den Tonköpfen absetzen. Im schlimmsten Fall kann es sogar passieren, dass Staub und Schmutz wie eine Art Schleifpaste wirken und auf diese Weise die Bandführungen und Tonköpfe beschädigen.

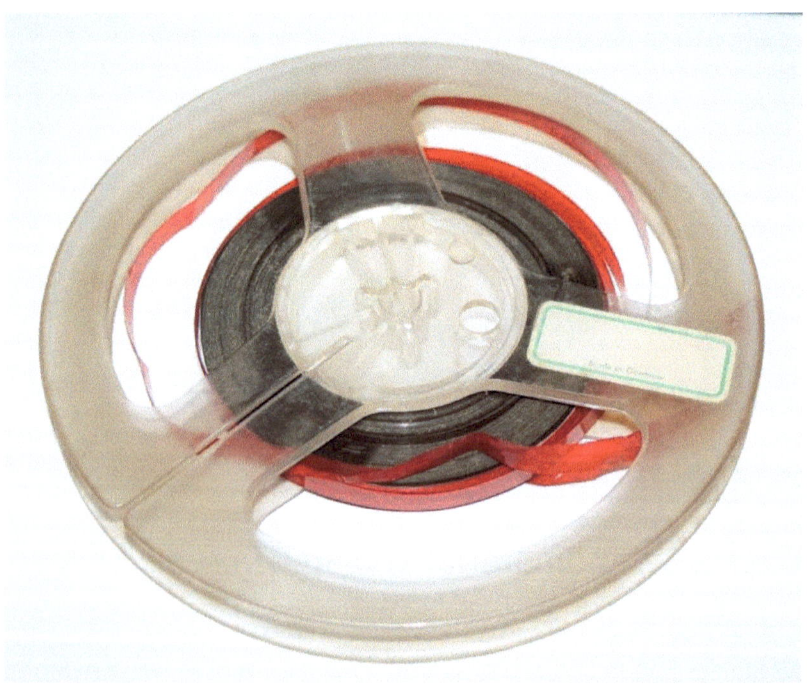

3.3.1 Spule mit stark verschmutztem Band

Die starken Verschmutzungen haben noch einen weiteren Nachteil: Sie setzen sehr schnell die Tonköpfe mit Schmutz zu, was zu einer deutlichen Verschlechterung des Klangs führt. Die Wiedergabe wird innerhalb kurzer Zeit deutlich dumpfer. Wenn Sie einmal ein Band abspielen, die Tonköpfe aber zwischendurch immer wieder gereinigt werden müssen, setzt sich ein sehr starker Bandabrieb an den Tonköpfen und Bandführungen ab. Das Bandmaterial sollte aus diesem Grund gereinigt werden. Diese Reinigung kann im einfachsten Fall mit einem trockenen Tuch wie beispielsweise mit einem Papiertuch erfolgen.

Die Reinigung und was Sie dafür benötigen: Für die Reinigung verwenden Sie am besten ein Tonbandgerät mit einem starken Antrieb beim Umspulen, sodass der Bandtransport gesichert ist. Weiterhin benötigen Sie ein weiches Reinigungstuch, durch welches das Bandmaterial von seinem Verschmutzungen befreit wird, während es durch die Bandmaschine läuft. Im Idealfall besitzen Sie ein Tonbandgerät mit einer regelbaren Umspulgeschwindigkeit, sodass der Brandtransport kontrolliert erfolgen kann, während das Tuch an das Tonband gehalten wird. Es geht aber auch ohne die einstellbare Umspulgeschwindigkeit.

Wie Sie die Reinigung des Bandmaterials durchführen: Das Band muss in das Tonbandgerät eingelegt werden, und zwar am besten so, dass es während des Umspulens nicht an den Tonköpfen vorbeiläuft. Dabei halten Sie das Reinigungstuch vorsichtig an das Band, um währenddessen die Schmutzpartikel oder den Bandabrieb zu entfernen. Hierbei sollten Sie jedoch äußerst vorsichtig vorgehen, da das Bandmaterial bei diesem Vorgang sehr stark strapaziert wird und im ungünstigsten Fall reißen kann. Außerdem benötigen Sie etwas Übung, um die Reinigung auf diese Weise durchführen zu können. Am besten verwenden Sie zunächst ein älteres Band, auf das Sie zur

Not verzichten können, um die ersten Reinigungsversuche durchzuführen. Wenn diese Reinigung gründlich durchgeführt wird, lässt sich das Bandmaterial meistens noch mehrere Male problemlos abspielen. Wenn allerdings auch nach der Reinigung noch Bandabrieb vorhanden ist, sollten Sie darüber nachdenken, das Bandmaterial bestenfalls zum Überspielen des Inhaltes zu benutzen und anschließend zu entsorgen. In Abbildung 3.3.2 sehen Sie, wie die Reinigung beim Umspulen des Bandes in einem Tonbandgerät durchgeführt werden kann. Achten Sie beim Umspulen und Reinigen des Bandes darauf, dass das Band nicht ständig an den Bandspulen schleift und möglichst sauber aufgewickelt wird.

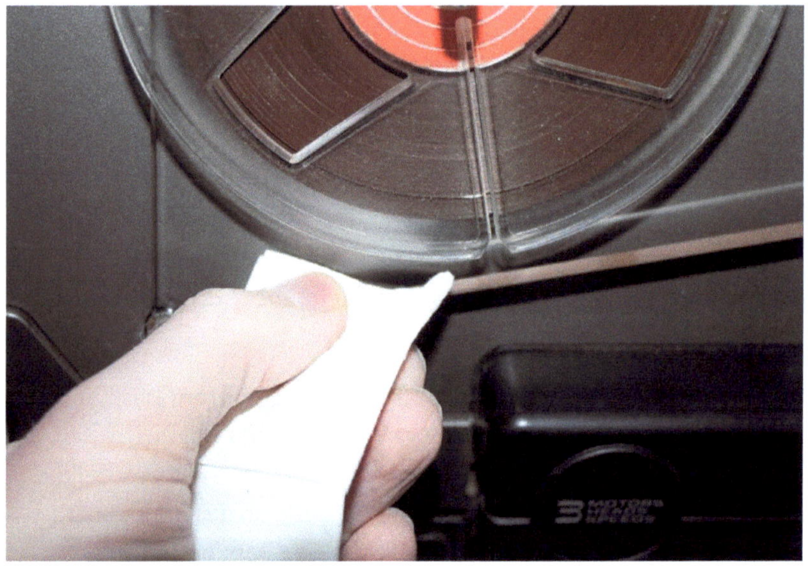

3.3.2 Bandreinigung mit weichem Tuch und Tonbandgerät

Bei einigen Bändern entsteht während der Reinigung sehr schnell Bandabrieb, der sich dann auch deutlich sichtbar auf dem Tuch absetzt. Am Anfang sollten Sie deshalb bereits nach einigen Metern Banddurchlauf überprüfen, ob sich bereits Schmutz auf dem Tuch gebildet hat. Handelt es sich um ein inzwischen mit sehr starkem Abrieb versehenes Bandmaterial, sieht es meist nach kurzer Zeit schon so aus wie in der folgenden Abbildung 3.3.3. Sie können die braunen Ablagerungen sehr deutlich erkennen. Entsteht ein solcher Abrieb bereits nach wenigen Metern Banddurchlauf, sollten Sie das Tonband unbedingt ein zweites Mal auf die gleiche Weise reinigen. Ist auch dann der Abrieb noch sehr stark, ist es wahrscheinlich besser, das Band nicht mehr dauerhaft einzusetzen und die darauf enthaltenen Aufnahmen zu sichern, sofern dies gewünscht wird.

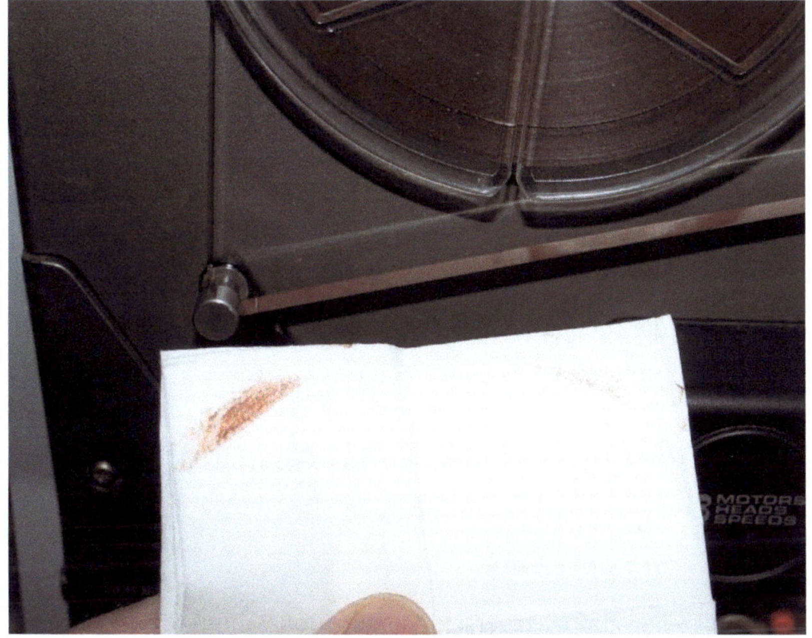

3.3.3 Der Bandabrieb nach der Reinigung

Eine dauerhafte Nutzung solcher Bänder mit starkem Abrieb ist nicht empfehlenswert, da sonst die Bandführungen und Köpfe sehr schnell und häufig verschmutzen und gegebenenfalls sogar beschädigt werden können.

Die Spulen lassen sich übrigens ebenfalls reinigen, am besten in lauwarmem Wasser mit etwas Seife oder Spülmittel, nachdem Sie das Band auf eine Leerspule umgespult haben. Falls Sie eine oder mehrere Bandspulen auf diese Weise reinigen möchten, sollten Sie dabei allerdings auf die Aufkleber auf den Spulen aufpassen und die Feuchtigkeit nicht zu lange einwirken lassen, die Spulen also nicht zu lange im Wasser belassen. Außerdem sollten Sie die Aufkleber nicht zu stark mit einem Schwamm oder mit einem Reinigungstuch bearbeiten. Ansonsten kann es vorkommen, dass diese sich lösen oder beschädigt werden. Erfahrungsgemäß passiert dies jedoch eher selten. Es konnten auf diese Weise schon etliche Spulen vorsichtig mit einem Schwamm im Wasser gereinigt werden, ohne dass die Aufkleber Schaden genommen hätten. Wichtig ist es allerdings, dass Sie die Spulen gründlich trocknen und am besten noch eine Weile trocknen lassen, bevor Sie wieder das Band aufspulen. Denken Sie daran, dass die Tonbänder keinesfalls nass werden dürfen.

3.4 Bänder in verschiedenen Ausführungen und Größen

Die Bandspulen gibt es in verschiedenen Größen und Ausführungen, ebenso sind einige Bandsorten von verschiedenen Herstellern erhältlich gewesen. Nicht jede Bandsorte läuft auf allen Maschinen problemlos, daher sollten Sie bei der Benutzung der Bänder auf den Bandmaschinen auf ein paar Dinge achten. Hier sind einige wichtige Unterscheidungsmerkmale:

- die **Größe** der Bandspulen
- die **Länge** und damit die **Laufzeit** gängiger Tonbandsorten
- die **Banddicke** in µm, davon abhängig die Länge und Laufzeit
- die **Bandsorte** (normalerweise Eisenoxid, andere Sorten wie Chromdioxid wurden meistens nur in Kassetten eingesetzt)
- eine eventuell vorhandene **Beschichtung** auf der Rückseite des Bandes

Einige der genannten Unterscheidungsmerkmale stehen in einem direkten Bezug zueinander. So hängt es beispielsweise von der verwendeten Bandsorte und deren Dicke ab, wie viel Meter Band auf eine Spule mit einem bestimmten Durchmesser passen und welche Spielzeit das Band damit erreicht. Um hier für etwas mehr Durchblick zu sorgen, haben sich einige Bezeichnungen eingespielt, welche sich auf die Bandsorten und die Stärke bzw. auf die Dicke des Bandmaterials beziehen:

- **Normalband** mit einer Bandstärke von 50 µm, wurde früher hauptsächlich eingesetzt im Studiobereich, dort oft auch zum komfortablen Schneiden und Kleben des Bandmaterials
- **Langspielband** mit einer Bandstärke von 35 µm, eine häufig im Hobbybereich verwendete Bandsorte mit einer aufgrund der geringeren Stärke etwas höheren Spielzeit bei gleicher Spulengröße
- **Doppelspielband**, so bezeichnet wegen der gegenüber dem Normalband halbierten Dicke von 25-26 µm und der gegenüber dem Normalband verdoppelten Spielzeit bei gleicher Spulengröße
- **Dreifachspielband** mit einer Bandstärke von 18 µm und einer fast dreifachen Kapazität gegenüber dem Normalband, allerdings sehr empfindlich aufgrund der geringen Bandstärke

In einigen Fällen steht auf dem Band oder dem Vorspannband sogar die Bandsorte, wie in Abbildung 3.4.1 zu sehen.

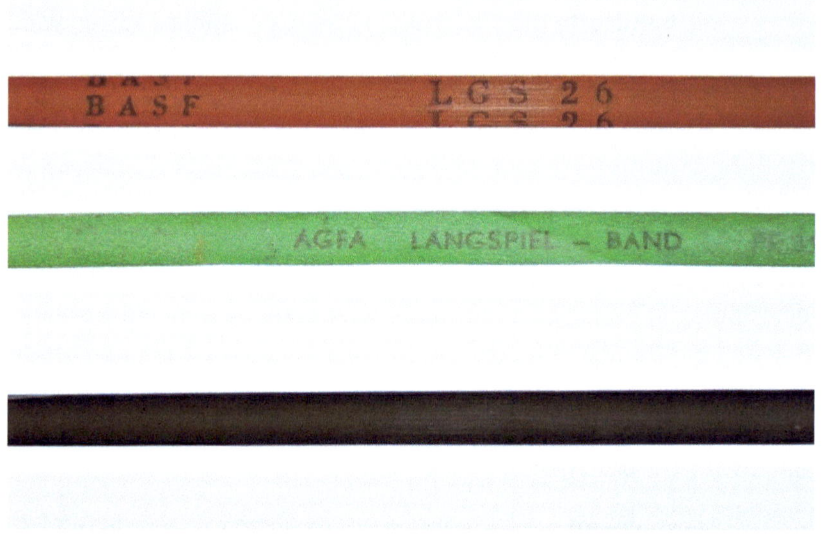

3.4.1 Verschiedene Bandsorten mit und ohne Beschriftung

In der Abbildung 3.4.1 sehen Sie die Bezeichnung LGS 26. Diese Bezeichnung sagt aus, dass es sich um ein Doppelspielband mit einer Stärke von etwa 26 µm handelt. Aus den Herstellerangaben ist außerdem entnehmbar, dass das Trägermaterial (das Material, auf dem die magnetisierbare Schicht aufgebracht wurde) aus PVC besteht. Außerdem gibt es Herstellerangaben bezüglich der maximalen Stoßbelastung in Kilogramm und zur Stärke der Magnetschicht des Bandes. Dies sind jedoch ausschließlich herstellerbedingte Angaben. Wichtig ist hier hauptsächlich die Bandstärke und somit die Bandsorte (Doppelspielband).

In der Mitte sehen Sie das Vorspannband eines Langspielbandes von einem anderen Hersteller. Auf dem Band selbst sind keinerlei

Angaben zur Bandsorte vorhanden. Es gibt also Unterschiede bei der Art der Beschriftung. Das Langspielband in der Mitte hat eine Banddicke von 35 µm, erkennbar an der Bezeichnung sowie an der ebenfalls auf dem Vorspannband vorhandenen Bezeichnung PE 35 (im Bild ganz schwach rechts zu sehen).

Darunter sehen Sie noch ein stärkeres Tonband eines unbekannten Herstellers. Aufgrund der Bandstärke müsste sich um ein sogenanntes Normalband mit einer Stärke von 50 µm handeln. Man merkt dies deutlich daran, dass die verwendete Bandspule sehr schnell voll ist. Wenn Sie sich eine Weile mit Tonbändern verschiedener Sorten beschäftigen, werden Sie jedoch die manchmal erheblichen Unterschiede zwischen den einzelnen Bandarten sehr schnell feststellen.

3.5 Beschichtetes und unbeschichtetes Bandmaterial

Die Tonbänder für den privaten Gebrauch haben auf der Rückseite (die vom Tonkopf wegzeigt) in der Regel keine Beschichtung. Auch die eben gezeigten Tonbandsorten wiesen keine solche Beschichtung auf. Die sogenannte Rückseitenbeschichtung (manchmal wird sie auch als Rückseitenmattierung bezeichnet) diente bei den professionell eingesetzten Bändern dazu, die einzelnen Bandlagen möglichst stabil auf den Wickeln zu halten. Die dort eingesetzten Bandwickel (oft auch als Bobbys bezeichnet) wickelten das Bandmaterial freitragend auf, also ohne den sonst üblichen Schutz durch die Bandspulen samt darin enthaltener seitlicher Bandführung. Auf vielen Tonbandgeräten für den Heimgebrauch sollten solche rückseitig beschichteten Bänder auch nicht eingesetzt werden, da diese Tonbandgeräte häufig eine Vorrichtung besitzen, die das Band während des Aufnehmens oder Abspielens an den Tonkopf drückt. Sehen Sie sich dazu auch die Abbildung 3.5.1 an.

Verwenden Sie am besten nur die für die Heimtonbandgeräte üblichen Bandmaterialien (Bänder wie LGS26 von BASF oder AGFA PE35). Vor allem die sehr alten Geräte aus den 1950er oder 1960er Jahren besitzen häufig solche Vorrichtungen. Beschichtetes Bandmaterial eignet sich für den Einsatz auf solchen Maschinen nicht sehr gut. Erkennen können Sie die Beschichtung meistens an der etwas raueren bzw. matten Rückseite des Bandes, die von den Bandführungen wegzeigt. In der Abbildung 3.5.2 sehen Sie ein beschichtetes und ein unbeschichtetes Band. Man kann die etwas matte Oberfläche des unteren Bandes im Bild 3.5.2 sehr gut erkennen.

3.5.1 Das Band wird hier an die Köpfe gedrückt

3.5.2 Beschichtetes und unbeschichtetes Bandmaterial

3.6 Vorspannband und Schaltfolie

Jedes Band besitzt normalerweise ein sogenanntes Vorspannband, also quasi ein Stück am Anfang vor dem eigentlichen Tonband. Dieses Vorspannband erfüllt mehrere Funktionen. Zum einen soll es das Hantieren beim Einfädeln des Bandes ermöglichen, ohne dabei das eigentliche Bandmaterial zu beschädigen. Außerdem kennzeichnet es durch die Farbgebung den Anfang und das Ende des Bandes. Normalerweise wird die erste Seite des Tonbandes mit einem **grünen** Vorspannband versehen, die zweite Seite bzw. die B-Seite des Tonbandes mit einem **roten** Vorspannband. Im professionellen Bereich werden noch andere Farben eingesetzt, beispielsweise **rot-weißes** Vorspannband für Stereoaufnahmen oder **blaues**

Vorspannband für Monoaufnahmen. Daneben gibt es noch **rot-weiß-schwarzes** Vorspannband für Stereoaufnahmen mit einem sogenannten Timecode, hauptsächlich vorgesehen für die Verwendung in Rundfunkstudios, bevor dort die digitale Speicherung eingeführt wurde. Es gibt noch zahlreiche andere Arten von Vorspannbändern, darunter auch transparente Bänder für den Einsatz in Geräten mit einer Lichtschranke sowie einige andere Sorten. Für den Heimgebrauch wichtig sind aber hauptsächlich die grünen und die roten Vorspannbänder.

Ebenfalls eine wichtige Funktion erfüllt das sogenannte Schaltband bzw. die Schaltfolie. Es handelt sich hierbei um ein Bandmaterial mit einer elektrisch leitenden Oberfläche, die sich zwischen dem Vorspannband und dem eigentlichen Bandmaterial befindet. Dieses Schaltband dient dazu, das Tonbandgerät beim Umspulen oder bei der Aufnahme bzw. Wiedergabe abzuschalten, wenn das Ende des Bandes erreicht ist. Viele der Tonbandgeräte verfügen über eine Einrichtung, die auf dieses Schaltband anspricht. Es handelt sich hierbei um elektrische Schaltkontakte, die sich in den Bandführungen des Tonbandgerätes befinden. Läuft das elektrisch leitende Schaltband an diesen Kontakten vorbei, wird durch das Band ein Kontakt hergestellt und ein Schaltmagnet oder eine andere Funktion im Tonbandgerät ausgelöst. Häufig wird durch diese Art der Abschaltautomatik die Stoppfunktion des Gerätes ausgelöst. In einigen Fällen wird auch der Motor des Gerätes abgeschaltet, sodass das Band ebenfalls stoppt. Die anschließende Aktivierung des Motors erfolgt dann meist durch das Drücken der Stopptaste oder einer anderen Taste. Es handelt sich also um eine sehr einfache, dafür aber sehr praktische Funktion.

Es kann allerdings im Laufe der Jahrzehnte vorkommen, dass das Schaltband verschmutzt und daher die Abschaltautomatik nicht mehr einwandfrei funktioniert. Außerdem kommt es sehr oft vor, dass die Bandführungen des Tonbandgerätes durch Bandabrieb oder Staub verschmutzen und dadurch die Abschaltautomatik bzw. deren Funktion ebenfalls beeinträchtigt wird. In den folgenden Abbildungen sehen Sie ein Tonband mit Vorspannband (Abbildung 3.6.1) und Schaltband sowie die Bandführungen mit Schaltkontakten (in der zweiten Abbilddung 3.6.2).

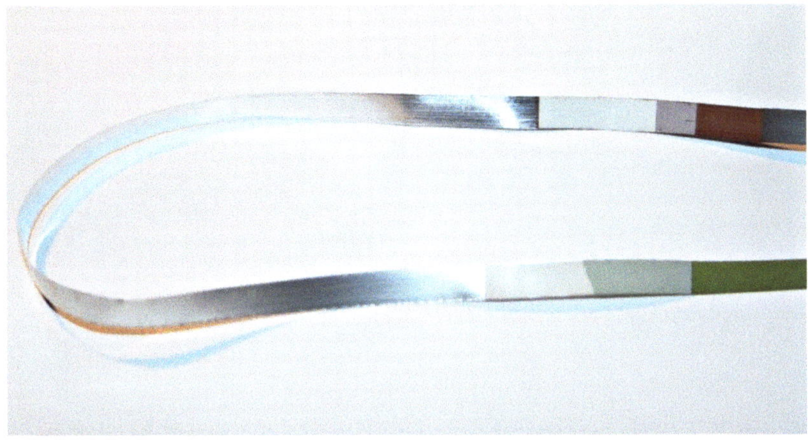

3.6.1 Schaltfolie zwischen Vorspannband und Tonband

Solche Schaltkontakte in den Bandführungen können Sie meistens sehr gut daran erkennen, dass sie mit entsprechenden Anschlusskabeln versehen wurden. Um stets eine einwandfreie Funktion der Bandendabschaltung zu gewährleisten, wie diese Einrichtung oft auch genannt wird, sollten die Schaltkontakte bei der Reinigung der Bandmaschine ebenfalls gründlich mit gesäubert werden. Außerdem ist bei der Verwendung der Tonbänder unbedingt darauf zu achten, dass das Vorspannband auch vorhanden ist und nicht zu stark gekürzt wurde, da diese Abschaltvorrichtung sonst nicht richtig funktionieren kann.

3.6.2 Schaltkontakte an den Bandführungen eines Tonbandgerätes

3.7 Tonbandmaterial schneiden und kleben

Wo viel mit Tonbandmaterial gearbeitet wird, kommt es natürlich auch einmal zu Beschädigungen. Außerdem wurde das Bandmaterial früher in Tonstudios geschnitten, um verschiedene Aufnahmen zusammenzufügen. Das Schneiden des Tonbandmaterials ist also eine sehr wichtige Tätigkeit, weshalb auch an dieser Stelle darauf eingegangen werden soll. Es gibt sogar komplette Klebesets zum Bearbeiten der Tonbandmaterialien. Diese Klebesets können eingesetzt werden, um verschiedene Bänder miteinander zu verbinden oder um ein gerissenes Band wieder zusammenzufügen. Sie werden aber auch eingesetzt, um eigene Tonbänder zusammenzustellen und mit Vorspannbändern zu versehen. So lassen sich Tonbänder von größeren Spulen auf kleinere übertragen und dabei auf die richtige Länge zuschneiden, um sie anschließend mit zwei Vorspannbändern in den Farben Grün und Rot zu versehen. Natürlich können Sie auch andersfarbige wie zum Beispiel weiße Vorspannbänder einsetzen, um diese mit dem Inhalt des Bandmaterials zu kennzeichnen, wenn diese Kennzeichnung nicht auf den Bandspulen erfolgen soll. Außerdem können Kennzeichnungen erfolgen bezüglich der Bandgeschwindigkeit bei der Aufnahme oder der Anzahl der Spuren bzw. der Aufnahmeart (Mono oder Stereo). In der folgenden Abbildung 3.7.1 sehen Sie ein einfaches Klebeset, mit dem die wichtigsten Aufgaben im Bereich des Klebens von Tonbändern durchgeführt werden können. Es enthält in einer Aufbewahrungsbox eine Schere, verschiedene Vorspannbänder in den Farben Grün, Rot und Weiß, eine silberne Schaltfolie sowie das eigentliche Klebeband. In der Box ist außerdem eine sogenannte Klebeschiene enthalten, in der das Tonband recht leicht sauber neu zusammengefügt werden kann.

3.7.1 Ein kleines Klebeset mit Vorspannbändern, Klebeband und Schere

Zum Kleben der Bänder sollte ausschließlich geeignetes Klebeband verwendet werden. Vermeiden Sie es unbedingt, irgendeinen Klebstoff aus der Tube zu verwenden, der unter Umständen das gesamte Bandmaterial verklebt und möglicherweise sogar unbrauchbar macht. Das Bandmaterial sollte auch nach dem Kleben flexibel bleiben und einwandfrei auf der Spule aufgewickelt werden können. Gegebenenfalls können Sie als Alternative noch einen dünnen Tesafilm zum Kleben verwenden, der dann aber möglichst exakt auf die richtige Breite des Bandes zugeschnitten werden muss. Nehmen Sie sich für die ersten Versuche dieser Art unbedingt ausreichend Zeit, um ein vernünftiges Ergebnis zu erhalten.

Wichtig ist vor allem der Übergang zwischen den Verbindungsstellen des Bandes. Am besten gelingt Ihnen dieser Übergang, wenn Sie die beiden Enden des Bandes zunächst genau überlappend übereinanderlegen und die beiden Bänder bzw. Bandenden dann gemeinsam mit einer Schere durchschneiden. Auf diese Weise stellen Sie sicher, dass die beiden Enden des Bandes genau passend auf Stoß zusammengelegt und mit dem Klebeband verbunden werden können. Nachdem das Band zugeschnitten wurde, legen Sie es auf Stoß in eine Führungsschiene (zum Beispiel in die Klebeschiene, die auch an vielen Tonbandgeräten vorhanden ist) und kleben auf der Rückseite (die Seite, die später von den Bandführungen wegzeigt) ein Stück Klebeband von einigen Zentimetern Länge auf die Klebestelle. Die folgende Abbildung 3.7.2 zeigt ein Tonbandgerät mit einer integrierten Klebeschiene, die für solche Zwecke vorgesehen ist.

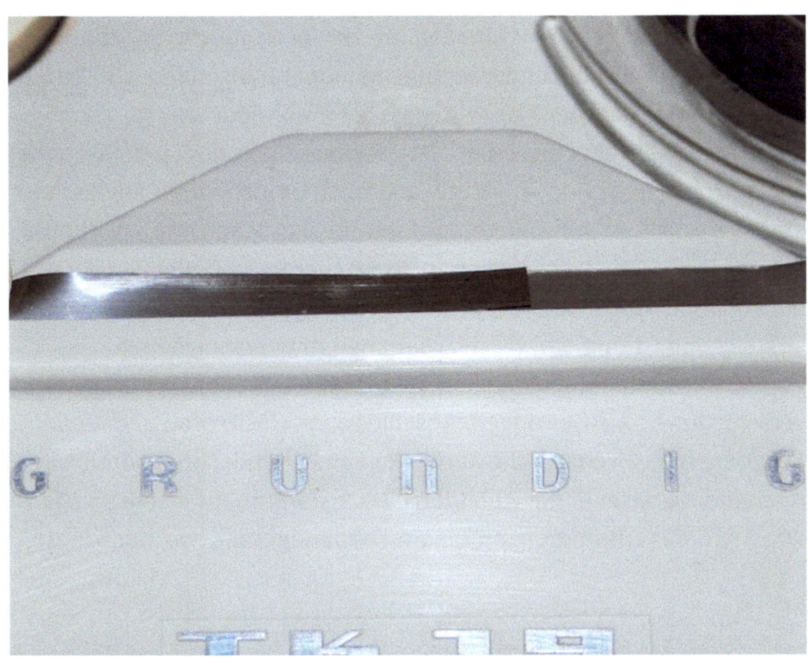

3.7.2 Die integrierte Klebeschiene in einem Tonbandgerät

3.8 Tonbänder und Zubehör heute kaufen

Möglicherweise haben Sie sich gefragt, ob Sie heute überhaupt noch an Tonbandmaterial oder Zubehör wie beispielsweise Klebebänder kommen können. Es gibt tatsächlich noch einige Anbieter (größtenteils im Internet), bei denen verschiedene Sorten von Bandmaterialien erhältlich sind. Viele Shops für Musikerzubehör bieten sowohl das Bandmaterial als auch die dafür benötigten Klebebänder an. Leider sind die Preise für solche Materialien nicht immer gering. Eine Alternative sind natürlich diverse Onlinebörsen, auf denen gebrauchte Materialien oft sehr preisgünstig angeboten werden. Wenn Sie dort gebrauchtes Bandmaterial kaufen, sollten Sie sich allerdings darüber klar sein, dass Sie mehr oder weniger ein Überraschungspaket erwerben. Das darin enthaltene Bandmaterial kann sowohl noch hochqualitativ und noch brauchbar als auch schon stark verschlissen sein. Allerdings lohnt es sich schon, die Angebote einmal etwas genauer anzusehen. Möglicherweise finden Sie auch ein Tonbandgerät, welches für Ihre Zwecke geeignet und völlig ausreichend ist und das gleich zusammen mit verschiedenen Tonbändern oder im besten Fall mit einigem Zubehör (Tonbänder in verschiedenen Ausführungen, Anschlusskabel, Mikrofon und gegebenenfalls weiteren Bestandteilen an Zubehör) angeboten wird. Auch das Klebeset in der Abbildung 3.7.1 stammt aus einem solchen Konvolut, das zusammen mit einem Tonbandgerät erworben wurde.

Kapitel 4: Bandmaschinen warten und reparieren

Die meisten Tonbandgeräte, die sich heute in Privatbesitz (meist irgendwo auf dem Dachboden oder im Keller) befinden, funktionieren nicht mehr oder zumindest nicht mehr einwandfrei. Das gilt übrigens auch für die meisten der Geräte, die auf diversen Onlineportalen zum Verkauf angeboten werden. Bedenken Sie immer, dass es sich um Geräte handelt, die in der Regel um die 50 Jahre oder noch älter sind. Viele der Geräte wurden auch für mehrere Jahrzehnte gelagert, ohne dabei ein einziges Mal eingeschaltet gewesen zu sein. Es handelt sich um zum Teil sehr empfindliche Geräte, die sowohl eine empfindliche Elektronik als auch mechanische Teile enthalten. Beides sind Fehlerquellen, die einen vernünftigen Betrieb des Gerätes im Fehlerfall unmöglich machen. Deshalb soll dieses Buch einen Teil bekommen, in dem es auch um die Wartung und um die Reparatur solcher Geräte geht, soweit diese von Ihnen selbst durchgeführt werden kann (oder sollte). Ich kann an dieser Stelle natürlich keine allgemeingültigen Reparaturanleitungen verfassen. Vielleicht hilft Ihnen der eine oder andere Tipp aber trotzdem dabei weiter, Ihr Tonbandgerät wieder erfolgreich in Betrieb zu nehmen, sofern dies aufgrund des Ausgangszustands noch möglich ist. Zu Beginn sollen einige wichtige Hinweise genannt werden. Anschließend folgen noch einige Beispiele für häufig vorkommende Defekte an solchen Bandmaschinen, einige Informationen zur Mechanik und zur Elektronik und natürlich einige praktische Tipps, die gegebenenfalls bei der einen oder anderen Maschine zur Anwendung kommen können.

4.1 Wichtige Tipps und Hinweise zur Reparatur

Nicht jedes Tonbandgerät lässt sich ohne Probleme sofort wieder in Betrieb nehmen, insbesondere dann nicht, wenn es schon einige Jahrzehnte auf einem staubigen Dachboden oder in einem feuchten Keller verbracht hat. Deshalb sollen an dieser Stelle zunächst einige wichtige (Sicherheits-) Hinweise folgen.

- Sofern Sie eine Reparatur Ihres Tonbandgerätes in Erwägung ziehen, machen Sie sich unbedingt mit den einschlägigen Sicherheitsvorkehrungen bzw. mit den Sicherheitsmaßnahmen beim Umgang und bei der Reparatur von elektronischen Geräten vertraut.
- Nehmen Sie die Geräte im geöffneten Zustand nach Möglichkeit nicht in Betrieb oder nur dann, wenn dies wegen eines Testlaufs unbedingt notwendig ist und Sie eine Berührung stromführender Teile unbedingt vermeiden.
- Sowohl für längere Zeit gelagerte als auch gebraucht gekaufte Geräte (die meist ebenfalls sehr lange unbenutzt gelagert wurden) sollten Sie nicht sofort wieder einschalten, ohne diese zuvor gründlich untersucht zu haben. Letzteres sollten Sie nur tun, wenn Sie bereits Erfahrungen im Umgang mit alten elektronischen Geräten haben und wissen, was Sie tun. Dies gilt insbesondere für sehr alte Geräte wie zum Beispiel Röhrengeräte.
- Die Tonbandgeräte enthalten sowohl Mechanik als auch Elektronik. Sie sollten also für die notwendigen Reparaturen sowohl ein Verständnis für die Mechanik als auch für die Elektronik mitbringen. Viele der mechanischen Funktionen lassen sich aber sehr gut nachvollziehen, wenn Sie sich eine Weile mit dieser Technik beschäftigen. Wenn Sie schon

Übung und Erfahrung im Umgang mit der Elektronik und der Reparatur elektronischer Geräte haben, werden Sie die Elektronik in den Tonbandgeräten wahrscheinlich sehr schnell verstehen.

- Bereits während einer Sichtprüfung festgestellte Defekte sollten nach Möglichkeit behoben werden, noch bevor das Gerät das erste Mal nach längerer Zeit wieder in Betrieb genommen wird. Dies gilt insbesondere für schwergängige mechanische Bauteile, festsitzende Hebel und Rädchen oder Motoren.
- Nicht schaden kann auch eine gründliche Reinigung des Gerätes innen und außen. Insbesondere gilt dies für die Bandführungen und die Tonköpfe. Verwenden Sie allerdings nur geeignete Reinigungsmittel wie beispielsweise Isopropanolalkohol. Dieser verdunstet rückstandsfrei und eignet sich deshalb am besten für diese Reinigung.
- Sehr häufig müssen auch die Antriebsriemen ausgewechselt werden. Handelt es sich um ein Gerät, das von der sogenannten Riemenpest (dazu später noch mehr) befallen ist, müssen außerdem die verflüssigten Reste alter Antriebsriemen gründlich entfernt werden. Leider handelt es sich hierbei um eine sehr umständliche und unangenehme (weil schmutzige) Arbeit. Vergessen Sie also nicht, dabei Schutzhandschuhe anzuziehen.
- Wird das Gerät im Zuge einer Reparatur oder danach die ersten Male wieder in Betrieb genommen, lassen Sie es am besten nicht unbeaufsichtigt laufen. Das gilt auch wieder besonders für die sehr alten Röhrengeräte, die ohnehin nicht mehr unbeaufsichtigt spielen sollten, zumindest nicht für längere Zeit.

4.2 Häufig auftretende Fehler an den alten Bandmaschinen

Es gibt natürlich einige Fehler, die immer wieder auftreten. Dazu gehören beispielsweise die folgenden Fehlerbilder, die sich auf die **Mechanik** der Geräte beziehen:

- verschlissene oder defekte Antriebsriemen
- defekte oder verschlissene Zwischenräder mit ausgehärteten, abgelösten oder porösen Gummiflächen
- nicht mehr funktionsfähige Bremsen für die Wickelteller
- festsitzende Rädchen oder Hebel
- in einigen Fällen ausgeschlagene Lagerbuchsen
- verbogene Teile der Mechanik (meistens durch äußere Gewalteinwirkung)
- abgebrochene Kunststoffteile im Bereich der Mechanik
- Laufgeräusche durch fehlende Schmiermittel
- gegebenenfalls schleifende Teile der Mechanik durch ausgeschlagene Lagerbuchsen oder defekte Kugellager
- verstellte Teile der Mechanik oder nicht korrekt zusammengesetzte Teile (meistens auf vorangegangene und vergebliche Reparaturversuche zurückzuführen)

Natürlich treten auch Fehler an der **Elektronik** auf. Meist sind es aufgrund des hohen Alters auftretende Defekte an den Verstärkerstufen oder an der übrigen Elektronik des Gerätes.

- defekte Elektronenröhren, wenn es sich um Röhrengeräte handelt
- Kapazitätsverluste oder Kurzschlüsse bei den in den Geräten verbauten Kondensatoren oder Elektrolytkondensatoren

- Kontaktprobleme jeglicher Art, beispielsweise an Steckverbindungen innerhalb der Geräte
- nicht mehr einwandfrei funktionierende Einschalter oder Umschalter (Aufnahme-Wiedergabeumschalter, Netzschalter sowie alle anderen Schaltkontakte innerhalb der Geräte)
- defekte oder kratzende Potentiometer, welche sich beispielsweise durch entsprechende Lautsprechergeräusche während des Einstellens der Lautstärke oder des Klangs bemerkbar machen
- defekte Glühlämpchen und dadurch ausgefallene Instrumentenbeleuchtungen und Kontrolllampen
- verschlissene Tonköpfe oder sonstige beschädigte Teile an den Bandführungen
- Defekte Endstufen an mit Transistoren bestückten Tonbandgeräten
- Korrosion an Laufwerksteilen, Sicherungshaltern oder an anderen Metallteilen innerhalb des Gerätes
- schwergängige Schalter oder Einstellregler durch verharzte Schmiermittel
- sonstige Ausfälle oder Beeinträchtigungen, die durch starke Korrosionen oder Verschmutzungen entstanden sind
- Kurzschlüsse im Bereich der Elektronik, meist erkennbar an einer oder mehreren durchgebrannten Sicherungen

4.3 Die Mechanik in den Bandmaschinen

Schön an den Tonbandmaschinen ist, dass sich noch etwas bewegt und man das Gerät quasi arbeiten sieht, eine Tatsache, die viele Tonbandfreunde auch heute noch begeistert. Allerdings gehört auch eine komplizierte Mechanik dazu, um die beiden Bandspulen in Bewegung zu versetzen und um das Band möglichst gleichmäßig an den Bandführungen vorbei zu transportieren. Diese Mechanik stellt eine zusätzliche Fehlerquelle dar, besonders dann, wenn das Gerät bereits einige Jahrzehnte auf dem Buckel hat. Dies ist Grund genug, sich etwas näher mit der Mechanik in den Bandmaschinen zu beschäftigen. Sollten Sie einmal beabsichtigen, ein solches Gerät zu restaurieren oder zu reparieren, sollten Sie sowohl ein gewisses Verständnis für die Mechanik als auch für die Elektronik mitbringen. Die Mechanik eines solchen Gerätes muss folgende Aufgaben erfüllen bzw. Eigenschaften aufweisen:

- Der Bandtransport muss möglichst gleichmäßig erfolgen, damit die Tonbandaufnahme später nicht leiert.
- Außerdem sollte der Bandtransport möglichst schonend für das Tonband erfolgen, damit es nicht bereits nach einigen Malen des Abspielens verschlissen ist.
- Das gilt für den Bandtransport während der Aufnahme oder Wiedergabe, gleichzeitig aber auch für den Bandtransport während des Vor- oder Zurückspulens.
- Die Mechanik muss robust genug sein, um die zum Teil schweren Bandspulen sicher zu bewegen, ohne dabei zu schnell zu verscheißen.
- Je nach Bandmaschine muss der Bandtransport sowohl stehend als auch liegend möglich sein, vor allem bei tragbaren Geräten.
- Die Schmierung der beweglichen Teile muss so ausgelegt sein, dass das Gerät für mehrere Jahrzehnte ohne nennenswerte Reparaturen funktionieren kann.

Auf einige der möglichen Fehlerbilder wurde schon eingegangen. Am meisten dürften die Verschleißteile in Form von Antriebsriemen oder

Reibrädern von Ausfällen betroffen sein, wenn es sich um ein Gerät handelt, das schon mehrere Jahrzehnte alt ist. Die Reibräder sind übrigens die mit einer Gummischicht versehenen Rädchen, die eine Kraftübertragung mithilfe einer Gummifläche ermöglichen und an ein anderes Rädchen angedrückt werden. In der folgenden Abbildung 4.3.1 sehen Sie zwei dieser gummibeschichteten Rädchen, welche die Wickelteller links und rechts während des Umspulens eines Bandes in Bewegung versetzen.

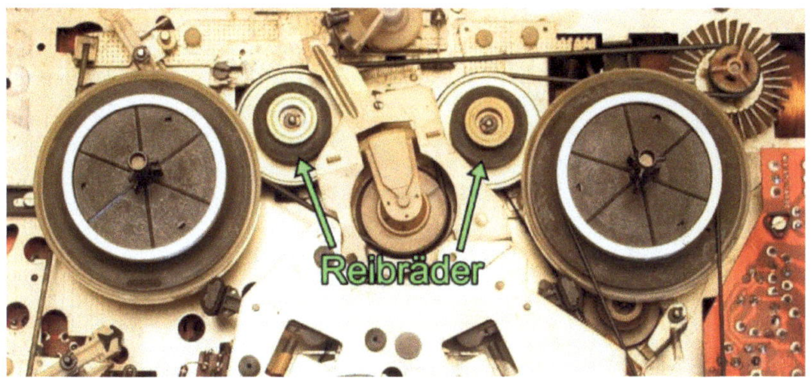

4.3.1 Reibräder in einem Tonbandgerät zum Antrieb der Wickelteller

Die Gummiflächen auf den Reibrädern können im Laufe der Zeit verhärten, wodurch dann die Kraftübertragung nicht mehr einwandfrei funktioniert. Oft reicht es schon aus, wenn die Oberflächen der Reibräder gründlich gereinigt und anschließend etwas angeraut werden, damit die Kraftübertragung wieder etwas besser funktioniert. Allerdings geht das nicht, wenn das Gummi schon sehr stark verschlissen ist und die Reinigung nicht mehr zum gewünschten Ergebnis führt. Es ist leider sehr schwer geworden, für solche Reibräder (häufig werden sie auch als Zwischenräder bezeichnet) noch passenden Ersatz zu bekommen. Viele der älteren Tonbandgeräte besitzen solche Zwischenräder, mit deren Hilfe die verschiedenen Laufwerksfunktionen (Bandtransport bei Aufnahme und Wiedergabe sowie beim Spulen des Bandes) realisiert werden. Einige Tonbandgeräte weisen allerdings einen etwas anderen Aufbau auf, bei dem der Antrieb des Bandes bei den verschiedenen Laufwerksfunktionen durch mehrere Motoren erfolgt. In Abbildung 4.3.2 sehen Sie ein solches Laufwerk, das elektronisch gesteuert wird.

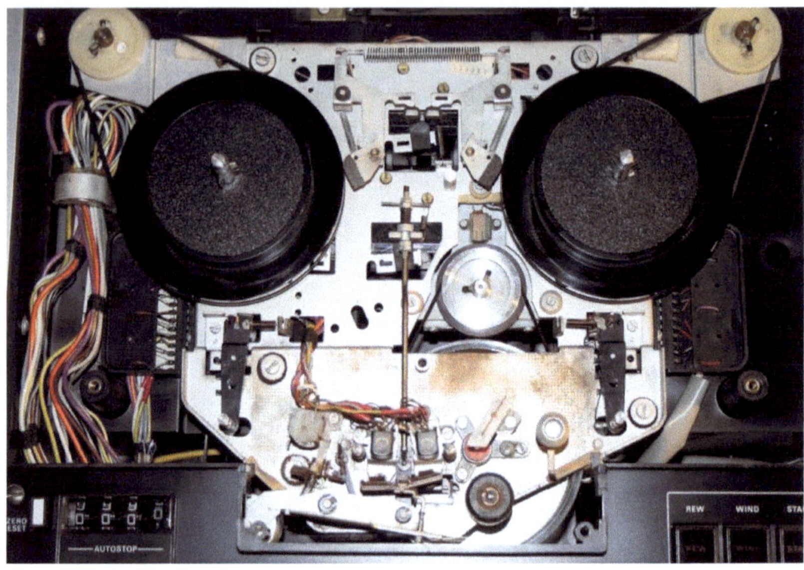

4.3.2 Ein Laufwerk mit drei Motoren

Zwei der insgesamt drei Motoren sind ausschließlich für den Antrieb der Wickelteller zuständig. Sie befinden sich oben links und rechts im Laufwerk und sind über jeweils einen Antriebsriemen mit dem jeweiligen Wickelteller verbunden. Der dritte Motor sorgt für den Antrieb des Schwungrades und des Capstans. Sie können den Antriebsriemen und das Antriebsrad dieses Motors links unten vom rechten Wickelteller sehen. Dieser Motor ist übrigens in seiner Drehzahl elektronisch geregelt, damit der Antrieb des Schwunggrades und des Capstans möglichst gleichmäßig erfolgt. Die Umschaltung der

112

Bandgeschwindigkeit wird bei diesem Gerät ebenfalls rein elektronisch durchgeführt, während die Bandgeschwindigkeiten bei Tonbandmaschinen mit nur einem Antriebsmotor oft über verschiedene Antriebswellen mit unterschiedlichen Durchmessern realisiert wird. In einigen Fällen erfolgt die Umschaltung der Bandgeschwindigkeit auch über Riemenscheiben (beispielsweise am Schwungrad) mit unterschiedlichen Durchmessern. Die Umschaltung der Bandgeschwindigkeit erfolgt in diesem Fall mit einer speziellen Mechanik, die in vielen Fällen selbst eine mögliche Fehlerquelle darstellt. In Abbildung 4.3.3 sehen Sie eine solche Umschaltmechanik in einem Tonbandgerät.

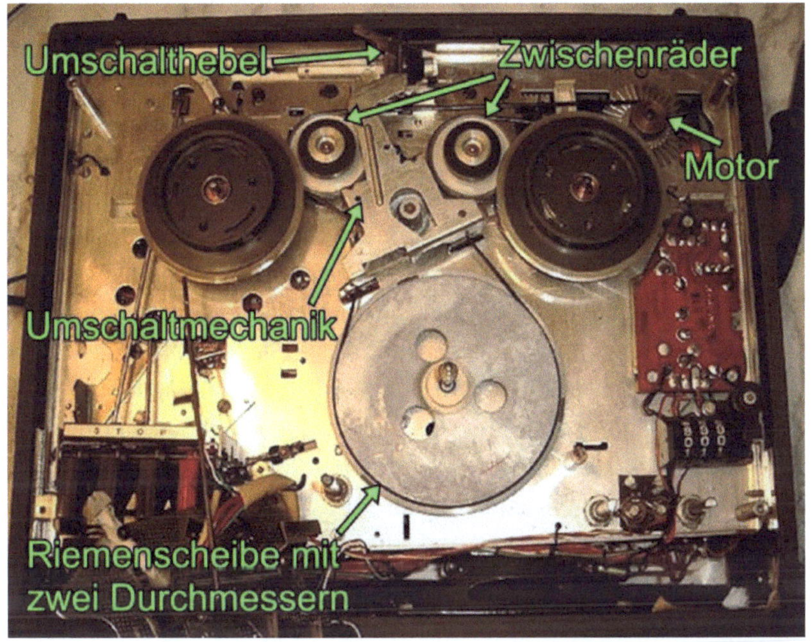

4.3.3 Umschaltung der Bandgeschwindigkeit

Das Laufwerk verfügt insgesamt über drei Antriebsriemen. Einer davon ist für das Bandzählwerk vorgesehen. Dieser spielt für die weiteren Laufwerksfunktionen keine Rolle. Die Kraftübertragung zum Laufwerk wird über zwei Antriebsriemen umgesetzt. Einer davon verbindet den Motor mit den zwei Zwischenrädern sowie mit einem weiteren Zwischenrad in der Mitte des Laufwerks. Von hier aus erfolgt der Antrieb des Schwungrades mit Riemenscheibe, die über zwei verschiedene Durchmesser zur Umsetzung von zwei Bandgeschwindigkeiten (4,75 und 9,5 cm/s) verfügt. Die Umschaltung zwischen diesen beiden Bandgeschwindigkeiten erfolgt mithilfe einer Umschaltmechanik, über die der zweite Antriebsriemen wahlweise auf die Riemenscheibe mit dem kleineren oder dem größeren Durchmesser aufgelegt wird. Es handelt sich um eine zwar funktionierende, dafür aber doch nicht ganz unproblematische Art der Umschaltung der Bandgeschwindigkeit. Sie ist an dieser Stelle nur beispielhaft erklärt. Bei anderen Geräten erfolgt die Umschaltung der Bandgeschwindigkeit mithilfe eines Reibrades auf eine Motorwelle mit mehreren unterschiedlichen Durchmessern, während der Motor wie im vorangegangenen Beispiel immer mit einer konstanten Drehzahl läuft. Der (einzige in diesem Laufwerk vorhandene) Antriebsmotor treibt übrigens über die beiden Zwischenräder auch die Wickelteller an. Der Antrieb des rechten Wickeltellers wird quasi auf zweierlei Art und Weise umgesetzt: Während des Vorspulens eines Bandes wird er über das rechte Zwischenrad mit einer hohen Drehzahl angetrieben. Bei der Aufnahme oder Wiedergabe erfolgt der Antrieb des Wickeltellers mithilfe einer Rutschkupplung, da sich die Drehzahl dieses Wickeltellers bei der Aufnahme oder Wiedergabe abhängig von der Menge an Band auf der rechten Spule verändert.

Die Ausführung der verschiedenen Laufwerksfunktionen wird gesteuert mithilfe mehrerer Drucktasten, die im Beispiel links unten angeordnet sind. Um diese Drucktasten mit den entsprechenden Laufwerksfunktionen zu verbinden, werden mehrere Gestänge und Hebelchen eingesetzt. Allerdings funktioniert die Mechanik bei vielen dieser Geräte auch nach etlichen Jahrzehnten noch relativ (und erstaunlich) gut. Lediglich die Antriebsriemen sowie die mit Gummi beschichteten Teile sind häufig anzutreffende Fehlerquellen. Um eine nicht mehr einwandfrei arbeitende Mechanik wieder in Gang zu bringen, sind jedoch einige Erfahrungen notwendig. Sie können dazu noch in einem späteren Kapitel dieses Buches mehr nachlesen, in dem es um die Wiederinbetriebnahme eines Bandgerätes anhand eines konkreten Beispiels geht.

4.4 Die Elektronik: Aufbau und Funktion

Die Elektronik eines solchen Tonbandgerätes besteht im einfachsten Fall hauptsächlich aus einem Netzteil, aus der Verstärkerelektronik sowie aus einem Oszillator für die Bereitstellung der sogenannten Vormagnetisierung des Bandes, die für das Löschen einer eventuell vorangegangenen Aufnahme benötigt wird. Manche Geräte besitzen außerdem eine elektronische Laufwerkssteuerung, über die verschiedene Laufwerksfunktionen mithilfe mehrerer Stellelemente in Form von Elektromagneten ausgeführt werden. Außerdem ist da noch der Antrieb in Form eines oder mehrerer Elektromotoren, wobei die Motoren bei moderneren Tonbandgeräten ebenfalls elektronisch angesteuert sein können. Der wichtigste Bestandteil ist aber die Aufbereitung des Audiosignals zur Übertragung auf das Band und später wieder zurück vom Band zum Lautsprecher bzw. zum Verstärker einer Stereoanlage oder eines Radiogerätes. In der folgenden Abbildung 4.4.1 sehen Sie den schematischen Aufbau eines Tonbandgerätes mit den wichtigsten Bestandteilen der Elektronik. Dieser Aufbau ist natürlich nur exemplarisch zu verstehen. Nicht alle der in der Skizze enthaltenen Komponenten sind in jedem

Tonbandgerät vorhanden. Lediglich die wichtigsten Funktionen wie Netzteil, Motor(en) und natürlich die Verstärkerelektronik sowie der Löschoszillator sind unbedingt erforderlich und dürften in jedem Tonbandgerät vorhanden sein.

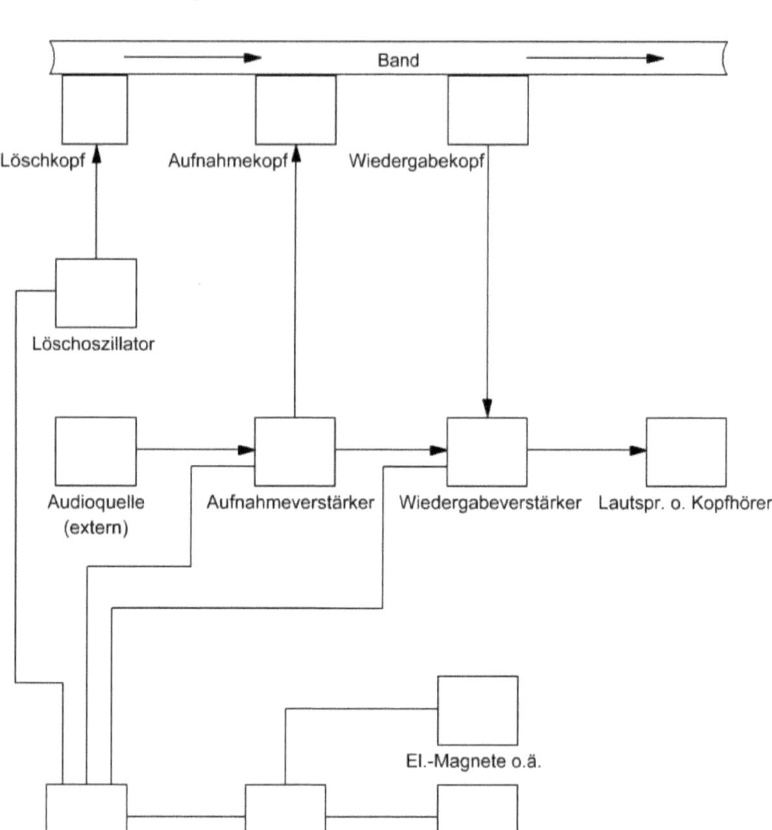

4.4.1 Elektronik eines Tonbandgerätes in schematischer Darstellung

Damit das Ganze etwas übersichtlicher wird, finden Sie in Abbildung 4.4.2 eine neue Skizze mit farblichen Markierungen sowie einigen Erläuterungen im Anschluss.

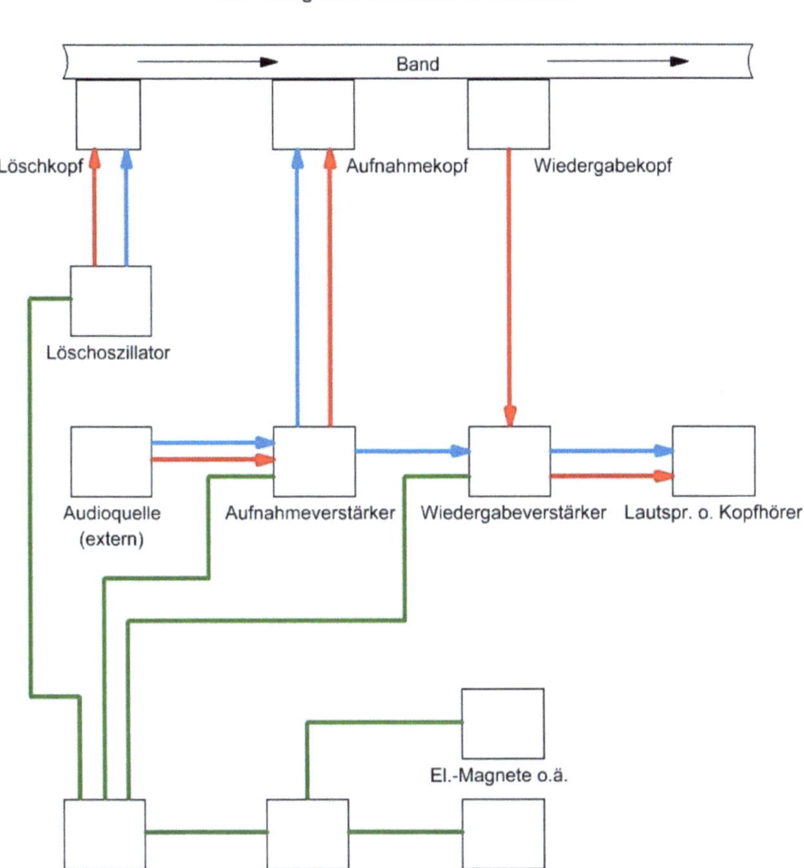

4.4.2 Stromversorgung und Signalwege während der Aufnahme

Die Skizze zeigt den Signalverlauf des Aufnahmesignals während einer Musikaufnahme mit Hinterbandkontrolle (durch die roten Pfeile gekennzeichnet). Der Löschkopf sorgt mithilfe des Löschoszillators für die notwendige Vormagnetisierung des Bandes (und löscht eine eventuell vorangegangene Aufnahme). Das von einer externen Audioquelle stammende Signal wird durch den Aufnahmeverstärker aufbereitet und anschließend dem Aufnahmekopf zugeführt. Dieser beschreibt das Band mit dem neuen Audiosignal. Das Band läuft weiter, dabei wird es vom Wiedergabekopf abgetastet. Das dabei entstehende Audiosignal gelangt vom Wiedergabekopf in den Wiedergabeverstärker, wird dort verstärkt und den Lautsprechern oder Kopfhörern zugeführt. Sie können in diesem Fall das direkt davor aufgenommene Audiosignal kontrollieren.

In der Abbildung sehen Sie noch einen durch blaue Pfeile gekennzeichneten Signalweg. Dieser beschreibt den Signalweg bei ausgeschalteter Hinterbandkontrolle, also dann, wenn das Audiosignal nicht durch den Wiedergabekopf über den Verstärker und einen Lautsprecher oder Kopfhörer hörbar gemacht wird, sondern dann, wenn es direkt vom Aufnahmeverstärker zum Wiedergabeverstärker gelangt. Das Signal macht in diesem Fall nicht den Umweg über das Band, sondern gelangt vom Aufnahmeteil direkt zum Wiedergabeverstärker, dabei wird es aber gleichzeitig dem Aufnahmekopf zugeführt. Diese Funktion ist dann sinnvoll, wenn das Audiosignal noch vor der eigentlichen Aufnahme kontrolliert werden soll, wenn zum Beispiel das Band vor der eigentlichen Aufnahme noch stillsteht (Pausefunktion aktiviert). In diesem Fall würde die Hinterbandkontrolle nicht funktionieren.

In den folgenden Abschnitten finden Sie Informationen zu den einzelnen Bereichen der Tonbandelektronik und deren Funktionsweise. Außerdem werden Ihnen einige Geräte und deren innerer Aufbau der Elektronik vorgestellt, damit Sie ein paar Beispiele anhand von Geräten unterschiedlicher Aufbauarten und Bauformen kennenlernen können.

Den Anfang macht ein Stereo-Tonbandgerät mit einem Antriebsmotor sowie zwei Stereo-Endstufen, mit denen sich externe Lautsprecherboxen direkt ansteuern lassen. Das Innere des Gerätes sehen Sie in der folgenden Abbildung 4.4.3.

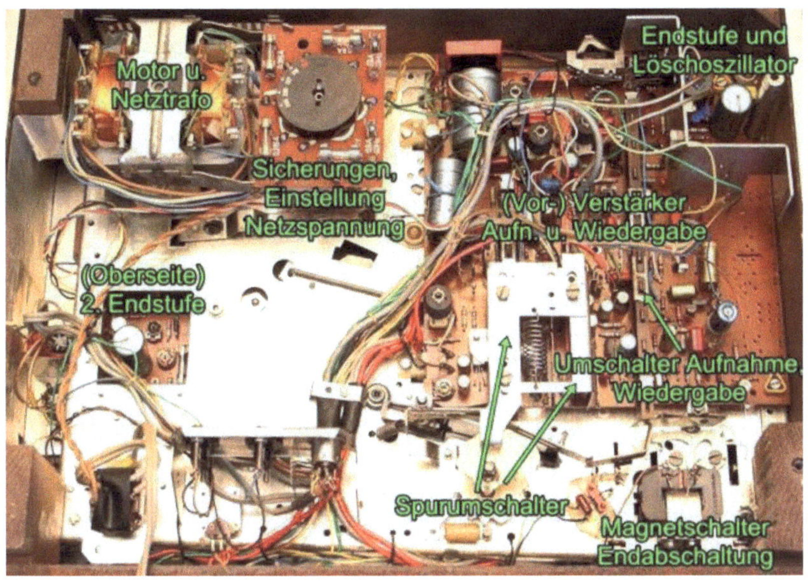

4.4.3 Elektronik in einem Tonbandgerät

Den größten Platz nimmt die Verstärkerplatine ein, die auf der rechten Seite im Inneren des Gerätes zu sehen ist. Auf der Platine enthalten sind mehrere Komponenten wie zum Beispiel die Vorverstärkerteile für beide Stereokanäle, der zentral gelegene Umschalter für Aufnahme und Wiedergabe sowie der sogenannte Spurumschalter, mit dessen Hilfe zwischen der Stereoaufnahme und Wiedergabe sowie der Vierspuraufnahme und Wiedergabe zum einzelnen Nutzen der vier Spuren des Gerätes umgeschaltet werden kann. Ebenfalls auf der Platine befindet sich der sogenannte Löschoszillator, auf dem später in diesem Abschnitt noch eingegangen wird.

Trafo und Antriebsmotor bilden bei diesem Gerät eine kombinierte Einheit, da der Antriebsmotor gleichzeitig auch über mehrere Sekundärwicklungen verfügt, über welche die Versorgungsspannungen für den Verstärkerteil sowie für die weitere Elektronik des Gerätes bereitgestellt werden.

Die zweite Endstufe des Gerätes fand auf der Hauptplatine keinen Platz mehr, deshalb befindet sie sich auf der Oberseite des Chassis. Durch eine kleine Öffnung ist sie im linken Bereich des Bildes zu sehen. Eine wichtige Funktion erfüllt auch der Magnetschalter für die Endabschaltung, der die Stoppfunktion des Gerätes auslöst, wenn die Schaltfolie an zwei Kontakten in der Bandführung vorbeiläuft und diese dadurch überbrückt.

Das Gerät kann über eine Umschaltung an mehreren Netzspannungen zwischen 110 und 240 Volt betrieben werden. Wenn ein solches Gerät aus unbekannter Quelle wieder in Betrieb genommen werden soll, sollten Sie ruhig die richtige Einstellung der Netzspannung überprüfen. Doch dazu später noch mehr.

Die Vormagnetisierung soll an dieser Stelle noch einmal näher beschrieben werden. Es handelt sich dabei um einen Vorgang, der während der Aufnahme eines Bandes erfolgt und bei dem eventuell vorangegangene Aufnahmen auf dem Band gelöscht werden. Wie Sie möglicherweise wissen, werden magnetische Datenspeicher wie Tonbänder, Tonbandkassetten oder auch Disketten gelöscht, wenn sie einem Magnetfeld ausgesetzt werden. Jetzt könnte man natürlich einen Dauermagnet oder einen mit einer Gleichspannung gespeisten

Elektromagnet verwenden, um das Band vor der neuen Aufnahme zu löschen. Das funktioniert auch, allerdings führt diese Art des Löschens eines Bandes bei der späteren Wiedergabe zu einem starken Rauschen. Um dieses Rauschen zu minimieren, wird eine sogenannte Hochfrequenz-Vormagnetisierung vorgenommen. Das Tonband wird dabei direkt vor der eigentlichen Aufnahme mit einer recht hohen Frequenz bespielt. Diese liegt meist zwischen etwa 50 und 100 Kilohertz und somit im für Menschen nicht mehr hörbaren Bereich. Diese hohe Frequenz sorgt dafür, dass die Magnetschicht des Bandes in einer Weise für die Aufzeichnung eines neuen Tonsignals vorbereitet wird, sodass diese sich später mit dem Audiosignal möglichst gut magnetisieren lässt.

Ziel dabei ist es, die so genannte remanente (restliche, verbleibende) Magnetisierung möglichst auf Null zusetzen, das Band also möglichst in einen Zustand zu versetzen, in dem es so gut wie keine Magnetisierung aufweist. Sie können sich das so vorstellen, dass durch die hohe Frequenz die kleinen und im Bandmaterial enthaltenen Elementarmagnete durcheinandergeraten und dadurch die vorher erfolgte Magnetisierung in Form einer vorher vorhandenen Aufnahme quasi neutralisiert wird. Würde man hierfür einen Permanentmagneten oder einen mit einer Gleichspannung gespeisten Elektromagneten einsetzen, würde das Band quasi dauerhaft magnetisiert, die Elementarmagnete in der magnetisch empfindlichen Schicht des Bandes würden also alle in eine Richtung ausgerichtet. Die Folge wäre eine wesentlich schlechtere Aufnahmequalität, da die zuvor ausgerichteten Elementarmagnete sich wesentlich schlechter durch eine neue Aufzeichnung erneut ausrichten lassen. Außerdem entstünde ein starkes Bandrauschen bei der späteren Wiedergabe des Bandes. Das Ziel der Vormagnetisierung ist es also, möglichst einen Zustand eines noch nicht bespielten oder magnetisierten Bandes herzustellen.

Doch zurück zur weiteren Elektronik des Tonbandgerätes. Nachfolgend finden Sie einige Abbildungen mit Beispielen aus gängigen Geräten, die exemplarisch den Aufbau einiger Bandmaschinen zeigen sollen, sodass Sie eine Vorstellung davon bekommen, wie es in verschiedenen Bauarten bzw. Typen solcher Geräte aussieht und wie sich der Aufbau im Laufe der Jahrzehnte im Bereich der Tonbandtechnik verändert hat. Es eben gezeigte Gerät besaß übrigens einer relativ umfangreiche Mechanik mit drei verschiedenen Bandgeschwindigkeiten. Die Ausführung sämtlicher Laufwerksfunktionen erfolgte durch mechanisch betätigte Bedienelemente, ebenso erfolgte die Umschaltung zwischen den Bandgeschwindigkeiten auf mechanische Art und Weise, nämlich durch das Umlegen eines Antriebsriemens auf Riemenscheiben mit unterschiedlichen Durchmessern. Der Aufbau einer solchen Mechanik lässt sich allerdings auch wesentlich unkomplizierter und einfacher gestalten, indem die Elektronik einige Funktionen übernimmt, die sonst umständlich auf mechanische Art und Weise realisiert werden müssten. Die Abbildung 4.4.4 zeigt das Innere eines Tonbandgerätes, in dem viele Funktionen bereits elektronisch umgesetzt wurden.

Das Gerät in dieser Abbildung wurde übrigens schon vor der Instandsetzung fotografiert. Die Antriebsriemen haben sich hier bereits in eine schwarze und klebrige Masse aufgelöst, die Reste sind in der Abbildung teilweise sogar noch zu sehen. Mehr Informationen zu diesem Gerät und dessen Überprüfung und Reparatur finden Sie in Kapitel 6, in welchem es um die Vorstellung, um die Reparatur und natürlich auch um die Wiederinbetriebnahme genau dieses Gerätes geht.

Doch zunächst zur Abbildung 4.4.4 und zu den Erläuterungen dazu.

4.4.4 Elektronisch gesteuertes Laufwerk in einer Bandmaschine

Es folgen nun noch einige Erläuterungen zu den verschiedenen Bereichen, die durch Buchstaben gekennzeichnet sind.

A – Dies sind die beiden Antriebsmotoren für die Wickelteller. Sie werden durch eine Elektronik beide einzeln angesteuert. Für die Kraftübertragung sorgt jeweils ein Antriebsriemen, der in diesem Fall allerdings noch ausgewechselt werden musste.

B – Der dritte Antriebsmotor sorgt für die richtige Drehzahl des Schwungrades mit Capstan. Es handelt sich hier um einen elektronisch in seiner Drehzahl regulierten Motor. Für eine entsprechende Drehzahlkontrolle wurde ein Drehzahlsensor zur Erfassung der aktuellen Motordrehzahl eingebaut. Auch hier sorgt ein Antriebsriemen für die Kraftübertragung auf das Schwungrad mit Capstan.

C – Die Andruckrolle wird bei der Aufnahme und Wiedergabe durch einen Elektromagneten an den Capstan gedrückt. Es handelt sich hier um eine Funktion, die bei vielen anderen Geräten durch eine manuell betätigte Mechanik ausgeführt wird.

D – Die Kraftübertragung erfolgt bei dieser Funktion (Andruckrolle) durch ein Gestänge auf einen auf der Unterseite des Laufwerks angebrachten Elektromagneten.

E - Dies sind die beiden Bremsen für die Wickelteller. Sie sorgen dafür, dass beim Bandstopp die Wickelteller möglichst schnell zum Stillstand kommen, damit sich das Band durch den Nachlauf der Spulen nicht weiter abwickelt.

F – Dieses Laufwerk verfügt über eine elektronisch gesteuerte Bandzugregelung. Diese sorgt dafür, dass bei Aufnahme und Wiedergabe sowie beim Umspulen eine optimale Kraftübertragung stattfindet und das Band möglichst immer etwas auf Zug gehalten wird, sodass es sauber ab- und wieder aufgewickelt werden kann.

G – Die Verbindung zur Steuerelektronik des Tonbandgerätes wird über eine Steckverbindung hergestellt. Das Laufwerk kann nach dem Losschrauben der Befestigung und dem Ziehen des Steckers ganz einfach aus dem Gehäuse herausgenommen werden. Dies ist dann von Vorteil, wenn Reparaturen am Laufwerk oder Reinigungsarbeiten vorgenommen werden müssen.

In diesem Gerät übernimmt also die Elektronik einen Teil der Funktionen, die in den meisten älteren Geräten durch eine kompliziert aufgebaute Mechanik realisiert wurden. Der Vorteil bei solchen Geräten besteht darin, dass das Laufwerk wesentlich unkomplizierter aufgebaut werden kann und somit weniger anfälliger gegen Störungen wird. Besonders gilt dies, wenn man das Alter der meisten Geräte berücksichtigt, das nicht selten schon vier oder fünf

Jahrzehnte (oder mehr) beträgt. Aber noch ein weiterer Umstand spricht für die elektronische Laufwerkssteuerung der Geräte: Viele der für die älteren Geräte benötigten mechanischen Bauteile sind heute gar nicht mehr oder nur noch aus Ersatzteilträgern erhältlich. Die meisten elektronischen Bauteile sind dagegen in gleicher oder ähnlicher Form noch zu haben. Deshalb gestaltet sich sehr oft auch die Reparatur solcher moderneren Geräte einfacher. Natürlich gibt es aber auch hier Situationen, in denen der Austausch mechanischer oder gerätespezifischer Bauteile notwendig ist und deren Beschaffung zu einem Problem werden kann.

4.5 Die Tonköpfe und Bandführungen

Den Tonköpfen und Bandführungen soll in diesem Buch noch einmal eine besondere Aufmerksamkeit zuteilwerden. Schließlich sind es die Bereiche, die mit dem Band direkt in Berührung kommen und denen deshalb eine besondere Aufmerksamkeit bei der Reparatur und Instandhaltung der Tonbandgeräte gelten sollte. Sie werden erfahren, welche Reinigungsmittel Sie bei der Grundreinigung und beim späteren Sauberhalten der Bandführungen verwenden sollten und welche nicht und was es sonst noch bei der Pflege der Bandführungen zu beachten gibt. Denken Sie bei der Arbeit an den Bandführungen und an den Tonköpfen immer daran, dass es sich um Präzisionsbauteile handelt, die bei der Fertigung Toleranzen von Bruchteilen von Millimetern unterlagen und dementsprechend auch mit Sorgfalt behandelt und gereinigt werden sollten. Ähnliches gilt auch für die Einstellungen der Bandführungen und Köpfe, die wirklich nur bei Bedarf neu erfolgen sollten. Oft wird an den Geräten nämlich mehr herumgestellt, als dies überhaupt erforderlich ist. Nicht alle

Einstellschrauben müssen in den Geräten unbedingt verstellt werden, nur weil dies möglich ist. Oft gilt hier: weniger ist manchmal mehr. Doch zunächst folgen nun einige Erläuterungen zu den Bandführungen, soweit nicht schon in den ersten Kapiteln erfolgt.

In Kapitel 1.3 haben Sie bereits die wichtigsten Stationen des Bandlaufs kennengelernt. In diesem Kapitel geht es mehr um die Reinigung und Pflege der Bandführungen und Köpfe. Wenn Sie ein altes und lange nicht verwendetes Tonbandgerät zum ersten Mal nach Jahren öffnen und sich etwas genauer ansehen, werden die Köpfe und Bandführungen wahrscheinlich so ähnlich aussehen wie die des Gerätes in der folgenden Abbildung 4.5.1.

4.5.1 Verschmutzte Bandführungen in einem alten Tonbandgerät

Sie können die stark verschmutzten Umlenkdorne links und rechts erkennen. Auch die mit einer braunen Schmutzschicht versehenen Köpfe (hier Löschkopf und Aufnahme-Wiedergabekopf) sollten erst gründlich gereinigt werden, bevor an eine Wiederinbetriebnahme des Gerätes zu denken ist. Die Schmutzpartikel werden sonst auf dem Bandmaterial verteilt und sorgen unter anderem auch dafür, dass er Bandtransport nicht mehr sauber erfolgen kann und dass die

Tonqualität bei der Aufnahme und Wiedergabe aufgrund der verschmutzten Köpfe leidet. Bei der Reinigung kommt es allerdings darauf an, die empfindlichen Oberflächen der Bandführungen und Köpfe nicht zu beschädigen. Daher sollten keinesfalls scharfe oder spitze Gegenstände zum Entfernen der Schmutzschichten eingesetzt werden. Es dürfen keine Unregelmäßigkeiten oder Riefen auf den Oberflächen entstehen, durch die das Band später beschädigt werden könnte und welche die Bandführungen irreparabel beschädigen würden. Denken Sie also unbedingt daran, die Reinigung mit viel Geduld und ausschließlich mithilfe geeigneter Reinigungsmittel und einiger Wattestäbchen durchzuführen. Der Bandabrieb sowie weitere Verschmutzungen sollten so gut wie möglich entfernt werden. Gegebenenfalls müssen Sie häufiger ein neues Wattestäbchen nehmen, um den Schmutz auch komplett zu entfernen, ohne ihn dabei weiter auf den Oberflächen zu verteilen. Hier sind noch einige Hinweise zur Reinigung:

- Verwenden Sie nur ein geeignetes Reinigungsmittel wie hochprozentigen Alkohol (am besten 99% Isopropanol).
- Das Reinigungsmittel sollte keine Farb- oder Duftstoffe enthalten und rückstandsfrei verdampfen.
- Erhältlich ist solches Reinigungsmittel in der Apotheke oder im Fachhandel.
- Verwenden Sie das Reinigungsmittel am besten in Verbindung mit handelsüblichen Wattestäbchen, die Sie vor der Verwendung in das Reinigungsmittel eintauchen.
- Den letzten Reinigungsschritt führen Sie mit einem trockenen Wattestäbchen durch, bis schließlich alle Rückstände und Flüssigkeitsreste vollständig entfernt wurden.
- Vermeiden Sie unbedingt die Verwendung von Spiritus oder besonders aggressiven Flüssigkeiten.

- Vermeiden Sie auch die Verwendung solcher Flüssigkeiten, welche Rückstände irgendeiner Art auf den Bandführungen oder Köpfen zurücklassen.
- Vergessen Sie bei der Reinigung nicht die gründliche Säuberung der Andruckrolle. Hier kann gegebenenfalls eine Reinigung wesentlich einfacher durchgeführt werden, wenn die Andruckrolle dazu ausgebaut wird. Zwingend notwendig ist dies jedoch nicht.
- Die Andruckrolle enthält häufig besonders viel Bandabrieb und Schmutz. Nehmen Sie sich bei der Reinigung von deren Oberfläche unbedingt ausreichend Zeit und entfernen Sie möglichst alle Rückstände, auch wenn es eine Weile dauert.
- Vermeiden Sie unbedingt die Reinigung der Bandführungen wie des Capstans oder der Andruckrolle bei eingeschaltetem Gerät, da sonst ein dabei verwendeter Lappen oder das Wattestäbchen zwischen die Andruckrolle und den Capstan gelangen kann. Hierdurch können Beschädigungen am Gerät entstehen. Dies gilt im besonderen Maße bei der Reinigung von Bandführungen in Kassettenlaufwerken.
- Übrigens gelten diese Hinweise auch für die Reinigung von Bandführungen und Köpfen in Kassettengeräten, die im Prinzip auf die gleiche Weise erfolgen kann. Allerdings ist hier alles etwas kleiner. Außerdem sind die Bandführungen hier häufig nur nach dem Auseinanderbau des Gerätes soweit zugänglich, dass eine Reinigung durchgeführt werden kann.

In Abbildung 4.5.2 sehen Sie ein ausgebautes Kassettenlaufwerk aus einem Kassettendeck. Der komplette Ausbau ist nicht unbedingt notwendig, erleichtert die Reinigung aber sehr. Empfehlenswert ist der Ausbau des Laufwerks dann, wenn ein Kassettengerät komplett überholt werden soll. In den kleinen Zwischenräumen zwischen den einzelnen Bauteilen des Laufwerks setzen sich immer wieder

Staubpartikel oder sonstige Schmutzpartikel fest, die für Fehlfunktionen, einen unsauberen Bandlauf oder sonstige Beeinträchtigungen sorgen können. Der Ausbau eines solchen Laufwerks ist normalerweise keine große Angelegenheit. Das in der Abbildung zu sehende Laufwerk konnte nach dem Öffnen des Gerätes und Lösen von vier Schrauben und einigen Steckverbindungen sehr einfach aus dem Gehäuse herausgenommen werden.

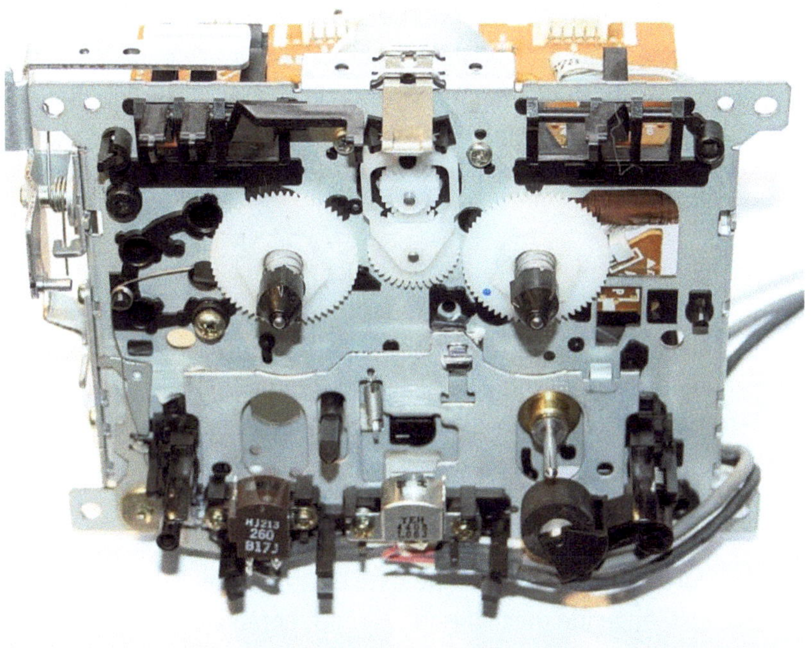

4.5.2 Ausgebautes, überholtes und gereinigtes Kassettenlaufwerk

Sowohl Andruckrolle und Capstan, die beiden Tonköpfe als auch die weiteren Bestandteile des Laufwerks ließen sich nach dem Ausbau des Laufwerks aus dem Gehäuse einwandfrei reinigen. Außerdem ist eine Reparatur oder der Austausch der Antriebsriemen an einem ausgebauten Kassettenlaufwerk wesentlich einfacher durchzuführen.

4.6 Besonderheiten bei Röhrengeräten

Viele Tonbandgeräte (und wahrscheinlich so gut wie alle Kassettengeräte) sind mit Transistoren ausgestattet. Es gibt aber noch viele alte Röhrentonbandgeräte aus den 1950er oder 1960er Jahren, die noch in irgendwelchen Kellern oder auf irgendwelchen Dachböden vor sich hin schlummern und die auf eine Reaktivierung und Revision warten. Bei der Inbetriebnahme solcher Geräte sollten Sie einige Dinge beachten. Viele der Geräte lassen sich ohne Weiteres wieder in einen betriebsbereiten Zustand versetzen. Allerdings hat die Röhrentechnik auch einige Besonderheiten, die es bei der Reparatur und natürlich auch beim späteren Betrieb der Geräte zu beachten gibt.

- Röhrentonbandgeräte sollten nicht ohne eine vorherige Überprüfung und einen meist notwendigen Austausch von einigen Kondensatoren oder anderen Bauteilen in Betrieb genommen werden. Das gilt insbesondere für Geräte, die mehrere Jahre oder Jahrzehnte nicht in Betrieb waren und/oder aus unbekannten Quellen stammen (zum Beispiel aus Internetkäufen).
- Sowohl die Elektronik als auch die Mechanik sollten durchgesehen werden. Defekte elektronische Bauteile, festhängende mechanische Komponenten oder weitere Defekte können sonst Folgeschäden verursachen.
- Durch defekte Bauteile (Kondensatoren, Elektrolytkondensatoren) sowie Übergangswiderstände können Brände ausgelöst werden.
- An einigen Bauteilen können auch längere Zeit nach dem Ausschalten und Trennen vom Stromnetz noch hohe Spannungen anliegen, die einen Stromschlag verursachen.

Die folgende Abbildung 4.6.1 zeigt den Verstärkerteil eines Tonbandgerätes aus den 1950er Jahren mit einigen Kondensatoren, die meist fehlerhaft sind und unbedingt ausgewechselt werden sollten, bevor das Gerät wieder dauerhaft in Betrieb genommen wird. Im schlimmsten Fall können durch solche defekten Bauteile sonst Brände ausgelöst werden.

4.6.1 Elektronik in einem Röhrentonband aus den 50er Jahren

Es handelt sich um die braunen WIMA-Kondensatoren, die in den meisten Röhrengeräten aus der damaligen Zeit (auch in Radio- und Fernsehgeräte) der 1950er oder 1960er Jahre zu finden sind. Unterschätzen Sie keinesfalls die Gefahren, die durch solche defekten Bauteile entstehen. Ganz abgesehen von den Gefahren werden Sie die Defekte an den Bauteilen auch an nicht mehr funktionierenden Verstärkerstufen oder anderen Fehlerbildern bemerken. Sehr viele der Defekte in den alten Röhrengeräten (und das gilt nicht nur für Tonbandgeräte) entstehen durch defekte Kondensatoren wie die im

Bild zu sehenden. In einigen Fällen gibt es allerdings noch andere Fehlerursachen, darunter zum Beispiel defekte Elektronenröhren, fehlerhafte Schalter oder Steckkontakte sowie einige andere Bauteile, die im Laufe der Jahrzehnte nicht mehr einwandfrei funktionieren können.

Meistens sind es immer dieselben oder zumindest ähnliche Fehlerbilder, die durch die genannten Defekte an den Bauteilen erzeugt werden. Die defekten Kondensatoren können übrigens in den meisten Fällen problemlos durch heute noch erhältliche Standardbauteile ersetzt werden. Dabei ist aber unbedingt auf eine entsprechende Spannungsfestigkeit zu achten. Diese modernen Bauteile sind relativ preisgünstig erhältlich und tragen erheblich zur Betriebssicherheit der alten Geräte bei bzw. helfen, diese wiederherzustellen. Sollten Sie also während eines Probelaufs von einem Tonbandgerät feststellen, dass die Wiedergabe nicht mehr einwandfrei funktioniert oder laute Störgeräusche aus dem Lautsprecher kommen, stellen Sie zunächst fest, ob solche alten Kondensatoren verbaut sind, die ausgewechselt werden sollten, bevor eine weitere Fehlersuche erfolgt.

In Abbildung 4.6.2 sehen Sie einige Kondensatoren und Elkos, die aus alten Röhrengeräten ausgebaut wurden. Darunter befinden sich auch einige der berüchtigten „WIMA-Schokobonbons", die allesamt defekt sind und die Fehler in der Elektronik der Geräte verursachten, bevor sie schließlich durch moderne Bauteile ausgetauscht wurden, wie Sie diese auch heute meistens noch im Elektronikfachhandel erhalten.

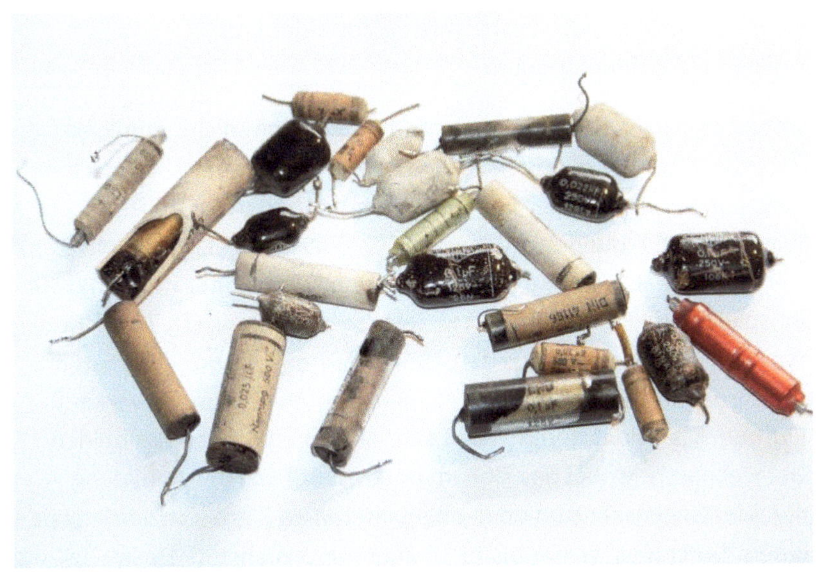

4.6.2 Alte Kondensatoren und Elkos aus Röhrengeräten

4.7 Markenspezifische Eigenschaften und Eigenheiten

Jeder Hersteller von Tonbandgeräten hatte quasi seine eigene Art, die Mechanik und Elektronik der Geräte in seinem Repertoire aufzubauen. Es lässt sich also durchaus behaupten, dass viele dieser Geräte Ihre Eigenheiten und markenspezifischen Eigenschaften besaßen bzw. besitzen. Dazu gehören nicht nur bestimmte typische Aufbaumerkmale, sondern auch Fehlerbilder, die im Lauf der Jahre immer wieder an den Geräten auftreten. Auf diese soll an diesem Teil des Buches etwas näher eingegangen werden, damit Sie einen kleinen Überblick über bestimmte Fehlerbilder und Aufbaueigenheiten erhalten.

Um einen ersten Eindruck zu gewinnen, wie sich solche Ähnlichkeiten verschiedener Tonbandgeräte eines Herstellers bemerkbar machen bzw. auf den Aufbau der Geräte auswirken, finden Sie in den folgenden Abbildungen 4.7.1 und 4.7.2 zwei Beispiele von mehreren Geräten damals namhafter Hersteller von Tonbandgeräten. Im ersten Beispiel handelt es sich um zwei Geräte von Grundig (TK 7 und TK 8), typische Röhrengeräte aus den 1950er Jahren, wie diese damals in sehr großen Mengen in den verschiedenen Ausführungen verkauft wurden. Man sieht deutlich den sehr ähnlichen Aufbau der beiden Gerätechassis, wobei das TK 8 im unteren Bereich der Abbildung 4.7.1 im Gegensatz zum oben abgebildeten TK 7 größere Spulen mit einem Durchmesser von bis zu 18 Zentimetern anstatt 15 Zentimetern wie beim TK 7 aufnehmen kann. Bei genauerer Betrachtung des Bildes fällt Ihnen sicherlich auch der etwas größere Abstand zwischen den beiden Wickeltellern auf. Der übrige Aufbau der Mechanik und Elektronik beider Geräte ähnelt sich sehr stark. Warum sollten auch die Hersteller jedes Mal das Rad neu erfinden?

Direkt hinter der Abbildung der beiden Grundig-Geräte finden Sie noch ein weiteres Beispiel für einen sehr ähnlichen Aufbau zweier Tonbandgeräte eines anderen Herstellers. Es handelt sich um die Philipsgeräte N 4511 und N 4414, beide ausgestattet mit elektronisch gesteuerten Laufwerken. Doch zunächst folgt die Abbildung mit den Grundig-Tonbandgeräten TK 7 und TK 8.

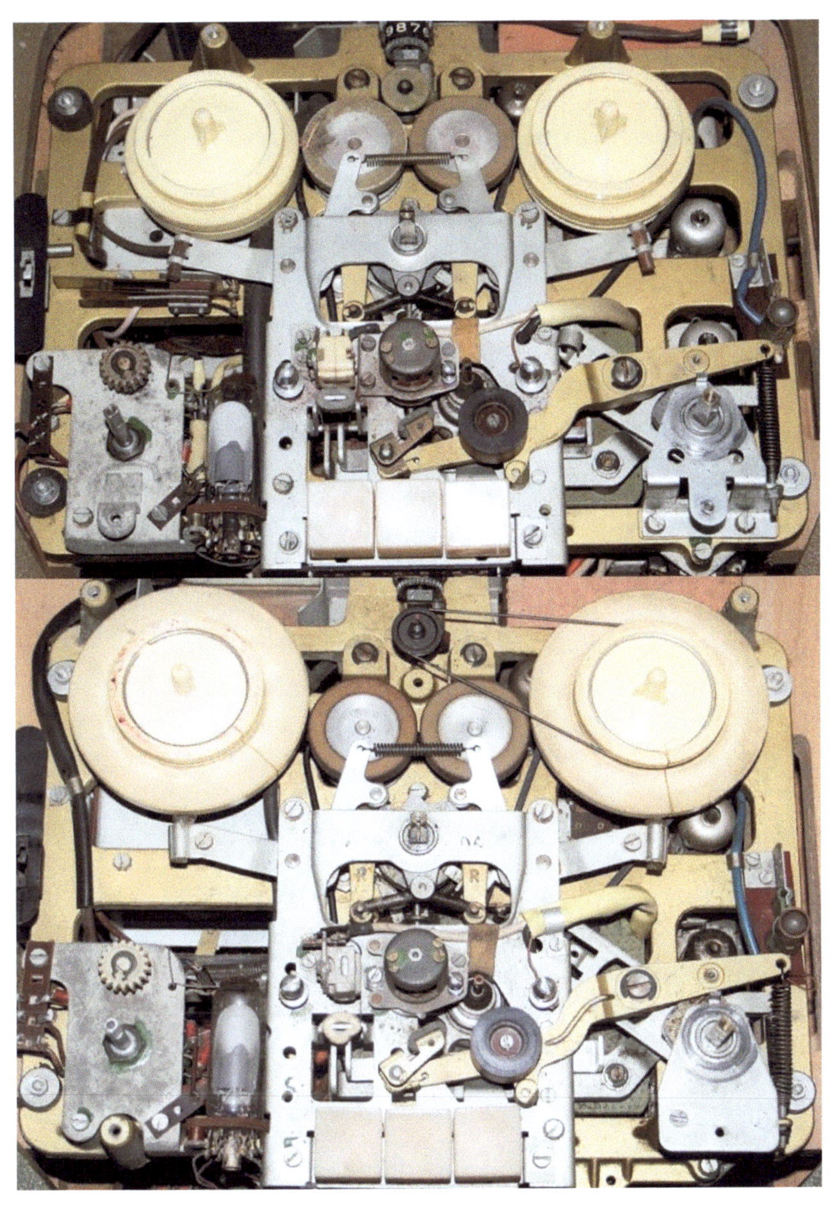

4.7.1 Grundig TK 7 und TK 8 im Vergleich

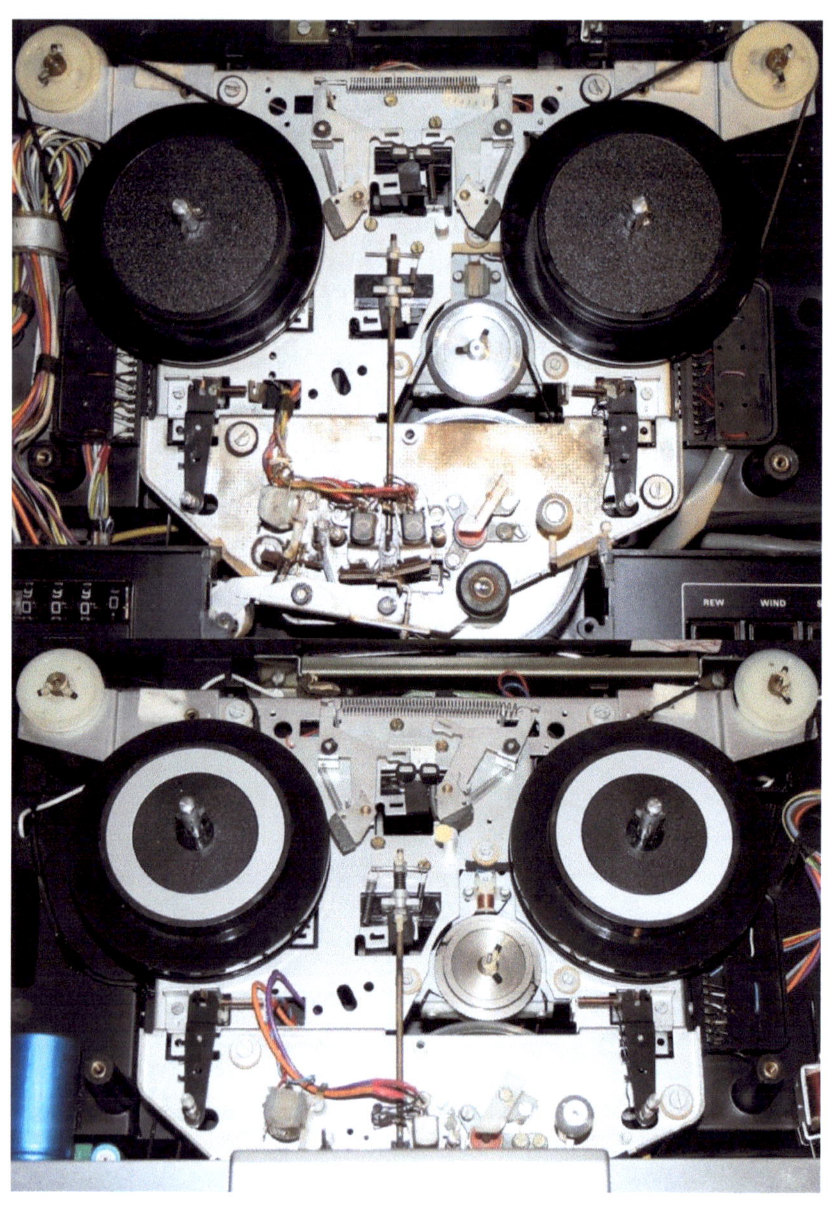

4.7.2 Philips N4511 (oben) und N4414 im Vergleich

Auch bei den beiden Philips-Tonbandgeräten sieht man deutlich einige Gemeinsamkeiten beim Aufbau der beiden Laufwerke. Auch hier handelt es sich um fast identische Laufwerke, die in den beiden ansonsten doch sehr unterschiedlichen Geräten verwendet wurden. Natürlich haben auch andere Hersteller wie zum Beispiel Telefunken oder zahlreiche andere auf die gleichen oder ähnliche Aufbauweisen zurückgegriffen, die sich im Lauf der Jahre bewährt haben. Doch nicht nur die Aufbauten der Geräte ähneln sich sehr stark, sondern auch die immer wieder auftretenden Fehlerbilder an den Geräten, die in der Regel viele Jahrzehnte alt sind (und häufig bereits mehrere Jahrzehnte nicht in Betrieb waren). Hier folgen nun ein paar Beispiele für häufig auftretende Fehler an bestimmten Geräten oder Baureihen verschiedener Hersteller. Es handelt sich nur am einige herausgepickte Fehlerbilder, die besonders häufig an Geräten bestimmter Baureihen auftreten.

- ausgeleierte oder aufgelöste Antriebsriemen sowie Reibräder und Gummiflächen (zum Beispiel bei vielen Philips-Tonbandgeräten aus den 1960er oder 1970er Jahren)
- defekte Antriebsriemen in allen Kassetten- oder Tonbandgeräten (einige Antriebsriemen scheinen aber fast ewig zu halten)
- Kontaktprobleme an Steckverbindungen (fast alle Hersteller)
- Kontaktschwierigkeiten an Aufnahme-Wiedergabeumschaltern (zum Beispiel in Telefunken-Tonbandgeräten wie Magnetophon 200, 201, 203, 207 usw.)
- Fehlerhafte Kontakte an Spurumschaltern in verschiedenen Grundig-Tonbandgeräten (zum Beispiel TK 23 und TK 27)
- aus den Fassungen gelöste Steckmodule bei Philips-Tonbandgeräten wie N4510 oder ähnlichen Geräten dieser Baureihe

- Kondensatoren (WIMA „Schokobonbons" in Form brauner
  Kondensatoren oder Bauteile einiger anderer Hersteller)
- defekte Potentiometer offener Bauart (erkennbar durch von
  der Grundplatte der Bauteile gelöste Schleifringe)
- Elektronenröhren in Röhren-Tonbandgeräten aller Hersteller
  (Magische Augen und Bänder, ebenfalls häufig betroffene
  Verstärkerröhren
- Defekte Tonköpfe (oft schon vorgekommen bei Geräten von
  Philips und Telefunken, oft auch verursacht durch die
  Verwendung ungeeigneten Bandmaterials)
- stark oxidierte Sicherungshalter und Sicherungen in Grundig
  Tonbandgeräten wie TK 14 bis TK 27 (oder TK 14 L bis TK 27 L)

4.7.3 Korrodierte Sicherungen in einem Grundig-Tonbandgerät

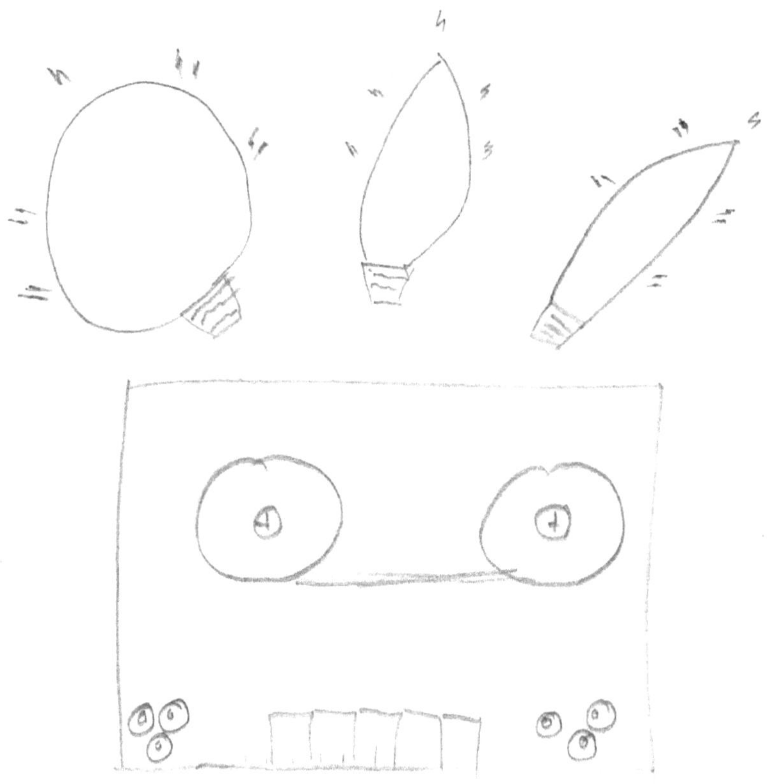

Kapitel 5: Tipps und Hinweise zu Bändern und Maschinen

In diesem Kapitel geht es um einige praktische Tipps und Hinweise zur Lagerung des Tonbandgerätes und der dazugehörigen Bänder. Nur bei deren richtiger Lagerung (über die Handhabung der Bänder und Bandmaschinen haben Sie in Kapitel 1 bereits mehr lesen können) haben Sie lange Zeit Freude an Ihrem Bandgerät und auch an den Aufnahmen. Sie sollen in diesem Kapitel aber auch einen Eindruck von den Möglichkeiten der allgemein als veraltet geltenden Bandtechnik bekommen.

Es gab (oder gibt) einige „Sonderfunktionen" zur Nachbearbeitung oder Nachvertonung von bereits bestehenden Tonbandaufnahmen (alles analog, also fern moderner Computertechnik). Auch die Bandmaschinen wiesen bereits vor 40 Jahren oder mehr einige besondere Ausstattungsmerkmale auf, über welche Sie hier etwas mehr erfahren sollen. Schließlich sollen Sie noch etwas über nützliches Zubehör zur Tonbandtechnik erfahren und über die Möglichkeiten, die alte Technik mit der modernen Computertechnik zu verbinden und über die Reinigung und Reparatur von Kassettengeräten. Schließlich sind auch die meisten dieser Geräte inzwischen schon mehrere Jahrzehnte alt und benötigen oft eine Reparatur oder eine gründliche Reinigung, bevor sie wieder verwendet werden können. Zunächst folgen aber einige Tipps und Hinweise zur Lagerung von Bandmaschine und Tonbandspulen.

5.1 Die richtige Lagerung und Behandlung von Bandmaschine und Bändern

Wie Sie bereits aus dem ersten Kapitel dieses Buches wissen, sollten die Bänder mit Ihren wertvollen Aufnahmen einigermaßen vernünftig gelagert werden. Zwar handelt es sich um nur relativ wenig anspruchsvolle magnetische Speichermedien, dennoch kann eine unsachgemäße Behandlung und Lagerung zu Beschädigungen der Aufnahmen und natürlich der Bänder selbst führen. So sagt eine wichtige Regel aus, die Tonbänder bei Nichtgebrauch nicht einfach auf dem Gerät zu belassen, sondern immer in der geeigneten Verpackung aufzubewahren, am besten senkrecht und bei einer einigermaßen konstanten Lagertemperatur und einer nicht zu hohen Luftfeuchtigkeit. Beachten Sie außerdem die folgenden Hinweise, die sowohl für die langfristige Lagerung der Bänder als auch die der Bandmaschinen gelten:

- Verwenden Sie nach Möglichkeit nur Qualitätstonbänder, die von Haus aus für eine sehr lange Zeit gute Aufnahmen ermöglichen.
- Verwenden Sie nur geeignete Verpackungen für die Tonbänder, gegebenenfalls können Sie die Bänder auch einzeln in verschlossenen Plastiktüten in den entsprechenden Schubern oder Tonbandschachteln aufbewahren (siehe Abbildung 5.1.1).
- Es versteht sich wohl von selbst, dass sowohl die Maschinen als auch die Bänder vor starken magnetischen Feldern geschützt sein sollten, und zwar nicht nur während der Lagerung, sondern auch bei deren Verwendung.
- Einige Leute empfehlen es, die Tonbandaufnahmen im vorspulten Zustand zu lagern und erst vor dem Abspielen

wieder zurückzupulen. Diese Lagerungsart soll sich insbesondere auf den berüchtigten Kopiereffekt auswirken, der dadurch deutlich verringert wird.

- Wurden die Tonbänder für längere Zeit gelagert (was keine Seltenheit ist), sollten Sie diese vor dem Abspielen am besten einmal komplett umspulen.
- Auch die Bandmaschinen sollten geschützt aufbewahrt werden, beispielsweise durch die Verwendung der meist mitgelieferten Schutzhaube. Dies gilt nicht nur für Koffergeräte, sondern auch Maschinen mit einer Plexiglashaube oder Ähnlichem.
- Halten Sie Ihre Bandmaschine sauber und entfernen Sie vor allem den gefährlichen Bandabrieb regelmäßig, sodass dieser nicht auf die anderen Tonbänder verteilt wird.
- Überprüfen Sie vor allem nach einer längeren Standzeit, ob die Maschine noch einwandfrei funktioniert, auch in Bezug auf den Bandzug, der keinesfalls zu stark sein sollte, um die empfindlichen Tonbänder nicht zu beschädigen.
- Auch wenn es schwerfällt, sollten Sie sich von minderwertigem Bandmaterial trennen und dieses am besten gleich entsorgen, da sonst zu Beschädigungen der Bandmaschine, insbesondere der Bandführungen und Tonköpfe kommen kann.

In Abbildung 5.1.1 sehen Sie zwei Tonbänder in geeigneten Schubern. Diese sollten am besten ähnlich wie Schallplatten stehend gelagert werden (auch wenn sie in der Abbildung liegen). Gegebenenfalls können Sie die Bandspulen auch noch in kleinen Plastiktüten aufbewahrt in den Schubern lagern. Dies ist aber nicht unbedingt notwendig, solange die Tonbänder an Orten mit geeigneten Temperaturen und einer nicht zu hohen Luftfeuchtigkeit gelagert werden.

5.1.1 Tonbänder in geeigneten Schubern

5.2 Nachbearbeitung, Nachvertonung und weitere Sonderfunktionen

Viele Tonbandgeräte bieten Funktionen zur nachträglichen Bearbeitung von Tonbandaufnahmen sowie einige andere Sonderfunktionen, die über die einfache Aufnahme und Wiedergabe von Bändern hinausgehen. Doch was bewirken diese Funktionen eigentlich und wozu werden sie verwendet? Macht es heute überhaupt noch Sinn, die Bandaufnahmen nachträglich zu bearbeiten oder diese Sonderfunktionen näher zu betrachten? Darum geht es in diesem Teil des Buches. Zunächst sollen Ihnen einige dieser

Sonderfunktionen vorgestellt werden, die einige, etwas besser ausgestattete Geräte bieten:

- **Post Fading** ist eine Funktion, welche für eine Art der Nachbearbeitung von bereits bestehenden Tonbandaufnahmen genutzt wird. Genauer gesagt geht es um ein nachträgliches Ein- oder Ausblenden von Aufnahmen, indem die gewünschten Bandstellen mithilfe des eingebauten Löschkopfes mehr oder weniger stark gelöscht werden. Die Besonderheit besteht darin, dass der Löschvorgang in seiner Stärke geregelt werden kann, wodurch die Aufnahme langsam ein- oder ausgeblendet wird. Eine weitere Besonderheit besteht darin, dieses Ein- oder Ausblenden der Aufnahme nachträglich durchzuführen.
- Die **Trickaufnahme** bzw. **Tricktaste** (in der Abbildung 5.2.1 zu sehen) hat auch etwas mit dem Löschvorgang des Bandes zu tun. Einige und vor allem sehr alte Geräte bieten bereits diese Funktion an. Mit ihrer Hilfe kann eine Aufnahme quasi über eine andere gelegt werden, indem der Löschkopf des Gerätes während der zweiten Aufnahme deaktiviert bleibt. Auf diese Weise lässt sich zum Beispiel eine Musikaufnahme nachträglich mit Sprache versehen (oder umgekehrt).
- Das Abhören des Bandes beim Umspulen (die Funktion an den Geräten wird oft mit **Cueing** bezeichnet) ist eine sehr praktische Funktion an Tonbandgeräten oder Kassettengeräten, mit deren Hilfe bestimmte Stellen einer Bandaufnahme besser lokalisiert werden können. Sie besteht im Prinzip nur daraus, das Band während des Umspulens abzuhören, indem es auch während des Spulens an den Tonköpfen vorbei läuft, was in der Regel sonst nicht der Fall ist. Ebenso wird die Verstärkerelektronik während dieses

Vorgangs aktiviert, sodass das Band auch beim Umspulen abgehört werden kann.

- **Wind Speed** ist nichts anderes als eine variable Geschwindigkeit beim Umspulen, die gerne auch in Verbindung mit dem Abhören des Bandes beim Spulen verwendet wird.

- Auch die **Memoryfunktion eines Bandzählwerkes** (siehe Abbildung 5.2.2) dient dazu, eine bestimmte Bandstelle leichte auffinden zu können. Das Band wird an der gewünschten Stelle durch eine Nullstellung des Zählwerkes quasi markiert. Wird das Band vor- oder zurückgespult, stoppt das Spulen des Bandes an genau dieser Stelle automatisch wieder.

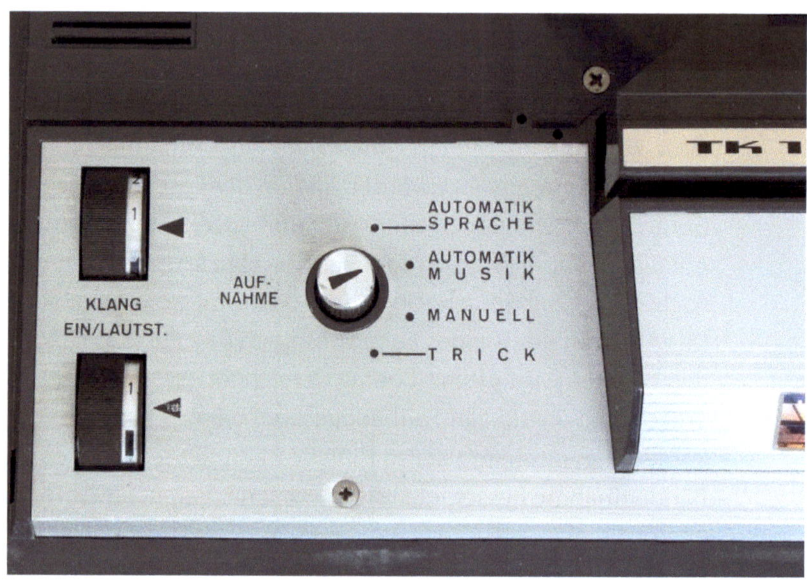

5.2.1 Schaltbare Trickfunktion an einem Grundig-Tonbandgerät

5.2.2 Bandzählwerk mit Memoryfunktion in einem Philips-Tonbandgerät

Ebenfalls sehr interessant ist eine **Echofunktion**, die mit einigen Tonbandgeräten möglich ist, welche bestimmte Grundfunktionen bzw. Grundvoraussetzungen dafür erfüllen.

So muss das Tonbandgerät eine Hinterbandkontrolle besitzen, über die eine direkte Wiedergabe der aktuell durchgeführten Aufnahme möglich ist. Außerdem muss das Gerät einen sogenannten Monitorausgang besitzen, über den das eben aufgenommene Audiosignal direkt nach der Hinterbandkontrolle wieder abgenommen und einem separat regelbaren Mikrofoneingang zugeführt werden kann. Es gibt tatsächlich solche Geräte wie etwa das N4506 von Philips (siehe Abbildung 5.2.3), das über zahlreiche Zusatzfunktionen verfügt. Der Trick besteht darin, das über den Monitorausgang abgenommene Signal erneut aufzunehmen und direkt wieder dem Aufnahmeeingang zuzuführen, wodurch eine Art Schleife entsteht und somit ein Echoeffekt, der zudem regelbar ist. Sehen Sie sich dazu auch die Skizze in Abbildung 5.2.4 an, die diesen Vorgang verdeutlichen soll.

5.2.3 Philips N4506 Tonbandgerät mit Echoeffekt nutzen

Aufnahme mit Hinterbandkontrolle

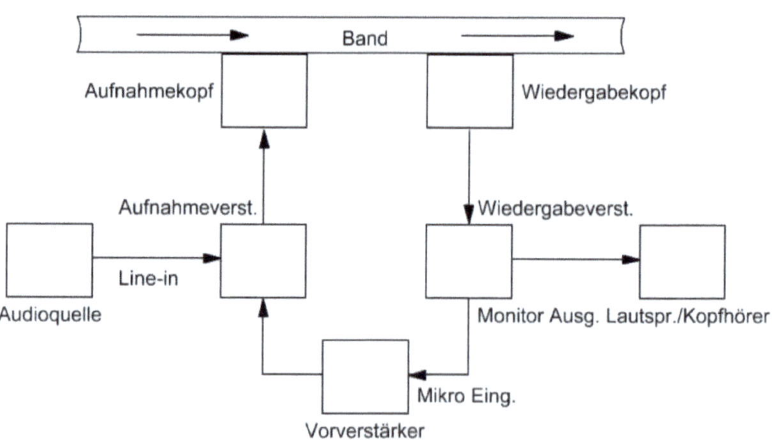

5.2.4 Die Echofunktion mithilfe der Hinterbandkontrolle

148

Um das Echo nutzen zu können, wird noch ein zusätzliches Verbindungskabel benötigt (neben den ohnehin benötigten Anschlusskabeln zum Anschluss einer externen Audioquelle). Bei diesem Gerät wird ein DIN-Anschlusskabel mit fünfpoligen Steckern benötigt, wie dieses damals zur Zeit dieses Gerätes zur Übertragung von Audiosignalen verwendet wurde. Dieses Kabel verbindet den Monitoranschluss auf der Rückseite des Tonbandgerätes mit dem linken Mikrofoneingang. Das soeben aufgenommene Audiosignal wird also direkt wieder dem Mikrofoneingang des Gerätes zugeführt. Während der Aufnahme mit eingeschalteter Hinterbandkontrolle kann nun über die Mikrofonregler dieser Echoeffekt eingeregelt werden. In Verbindung mit den drei verschiedenen Bandgeschwindigkeiten ergeben sich daraus interessante akustische Effekte sowohl bei Geräuschen als auch bei Sprach- oder Musikaufnahmen.

5.3 Nützliches Zubehör für die Tonbandtechnik

Ohne passendes Zubehör geht es natürlich auch bei der Tonbandtechnik nicht. In den meisten Fällen nützt es nur wenig, sich ein Tonbandgerät anzuschaffen, ohne dafür einiges an Zubehörteilen bereitzustellen. Worum handelt es sich aber genau bei diesem Zubehör? Hier sind einige Beispiele:

- passendes „Futter" für das Tonbandgerät in Form von **Tonbänder**n und **Leerspulen** (am besten in verschiedenen Größen und mit einer guten Bandqualität)
- geeignete **Aufbewahrungsboxen** für die Tonbänder
- **Anschlusskabel** für externe Audioquellen und gegebenenfalls benötigte **Adapter** (zum Beispiel DIN auf Cinch und

umgekehrt oder DIN auf Klinke bzw. umgekehrt zum
Anschluss eines MP3-Players an das Tonbandgerät oder zum
Anschluss des Tonbandgerätes an einen Computer mit Line-
in-Anschluss)
- **Reinigungsmittel (Isopropanolalkohol**, Tücher und
Wattestäbchen) zum Reinigen des Gerätes, der
Bandführungen und Köpfe sowie gegebenenfalls
Reinigungsmaterialien wie Tücher für die Reinigung eventuell
vorhandenen und sehr alten Tonbandmaterials
- einen **Kopfhörer** zum Anschluss an das Gerät (zur Kontrolle
der Tonbandaufnahmen)
- gegebenenfalls ein (Stereo-) **Mikrofon**, falls Sie auch eigene
Aufnahmen machen möchten
- **Klebematerial** sowie eine **Klebeschiene**, falls das
Bandmaterial einmal geklebt werden muss

Sie werden im Laufe der Zeit sicher selbst feststellen, welche
Materialien Sie am dringendsten benötigen. Die eben genannte Liste
geht auch nicht davon aus, dass Tonbandgeräte repariert werden
müssen, was durchaus schon einmal der Fall sein kann. Es handelt
sich immerhin um mehrere Jahrzehnte alte (und häufig auch mehrere
Jahrzehnte nicht genutzte) Technik, an der jederzeit etwas kaputt
gehen kann. Immerhin sind Tonbandgeräte gleich in mehrerlei
Hinsicht fehleranfällig, nämlich auf der elektronischen und auch auf
der mechanischen Seite. In besonderem Maße gilt dies für die
Geräte, welche mit einer sehr aufwendigen Mechanik und/oder
Elektronik ausgestattet sind. Sollen auch Reparaturen an den Geräten
durchgeführt werden, benötigen Sie noch eine ganze Menge weiterer
Gegenstände für eine Werkstattausrüstung, ganz zu schweigen von
den für die Geräte benötigten Bauteilen. Im nächsten Kapitel finden
Sie noch weitere Informationen dazu. Dort geht es um die
Instandsetzung eines Gerätes anhand eines konkreten Beispiels.

5.4 Alte und neue Technik miteinander verbinden

Oft bietet es sich an, die alte und die neue Technik sinnvoll miteinander zu verbinden. Die Tonbandtechnik ist natürlich schon etwas älter, dementsprechend sind es auch die meist noch vorhandenen Geräte. Es spricht allerdings nichts dagegen, die Vorteile sowohl alter oder neuer Technik sinnvoll miteinander zu verbinden. Dies kann zum Beispiel dann der Fall sein, wenn alte Tonbandaufnahmen gesichert werden sollen oder Sie sogar neue Aufnahmen anfertigen möchten. Es gibt tatsächlich viele Menschen, die sich gerne noch Tonbandaufnahmen anhören und zur Musikwiedergabe die Analogtechnik bevorzugen. Nicht ohne Grund gibt es schließlich viele Hi-Fi-Fans, die gerne Schallplatten hören. Auch die Tonbandtechnik bzw. die magnetische und analoge Tonbandaufzeichnung hat (wieder) viele Anhänger. Mithilfe des geeigneten Bandmaterials und eines guten Tonbandgerätes können Sie auch heute noch hochwertige Aufnahmen anfertigen, die viele Jahre oder Jahrzehnte „haltbar" sind, auch wenn es bis dahin möglicherweise neue Audioformate in der Digitaltechnik gibt und Sie mittlerweile Schwierigkeiten haben, ältere Digitalaufnahmen bzw. Dateien überhaupt noch wiederzugeben. Das gilt übrigens nicht nur für die Tonbandgeräte samt der dazugehörigen Tonbandspulen, sondern auch für hochwertige Kassettendecks oder Kassettenrekorder, die nach dem gleichen Grundprinzip funktionieren. Möglicherweise besitzen auch Sie noch alte Kassetten, die Sie schon für einige Jahrzehnte nicht mehr gehört haben und die Sie sich gern einmal wieder anhören würden. Als moderne Alternative bieten sich einfach zu bedienende Kassettengeräte an, die mit einem USB-Anschluss das gestattet sind und die den einfachen

Anschluss an den Computer möglich machen, um noch vorhandene Kassetten als Audiodateien auf den PC zu überspielen. In der Abbildung 5.4.1 sehen Sie ein solches Kassettengerät in einfacher Ausführung mit dazugehöriger Software, das genau für diesen Zweck hergestellt wurde. Inwieweit die Klangqualität solcher Billiggeräte akzeptabel ist, müssen Sie selbst entscheiden. Allerdings eignen sich solche Geräte durchaus zum Digitalisieren von Sprachaufnahmen oder anderen Tonaufnahmen, bei denen es nicht unbedingt auf eine perfekte Klangqualität ankommt, sondern bei denen es mehr um den Inhalt der alten Kassettenaufnahmen geht. Oft können solche Geräte auch zum normalen Abspielen der alten Kassetten ohne Computer eingesetzt werden.

5.4.1 Einfacher Kassettendigitalisierer mit USB-Anschluss für den Computer

5.5 Reinigungsarbeiten an Kassettengeräten

Leider sind inzwischen auch viele der vor 30 oder 40 Jahren genutzten Kassettengeräte nicht mehr funktionsfähig. Es gibt aber meistens die Möglichkeit, auch diese Geräte wieder zu reparieren. Mithilfe eines Computers mit einem Line-in-Anschluss ist es dann möglich, die alten Kassettenaufnahmen zu digitalisieren oder sogar mit einem MP3-Player oder einer anderen digitalen (oder analogen) Audioquelle und eines Kassettenrekorders neue Aufnahmen anzufertigen, wenn dies gewünscht wird. Auch ältere Kassettengeräte wie Kassettenrekorder von einfachen und tragbaren Exemplaren bis hin zu hochwertigen Kassettendecks benötigen nach 30 oder 40 Jahren aber eine gründliche Reinigung oder sogar eine Reparatur, um wieder eingesetzt werden zu können und um alte Aufnahmen zu sichern oder einfach mal wieder abzuspielen.

Die Fehlerquellen an solchen Kassettengeräten sind denen von herkömmlichen Tonbandgeräten sehr ähnlich. Meist geht es auch hier um die Reinigung der Köpfe und aller anderen Komponenten des Kassettenlaufwerks, die mit dem Band in Berührung kommen. Aber auch Defekte können auftreten wie etwa ausgeleierte oder gerissene Antriebsriemen. Glücklicherweise gibt es für solche defekten Antriebsriemen aber meist noch passenden Ersatz. Allerdings kann sich der Einbau neuer Antriebsriemen mitunter doch etwas komplizierter gestalten, vor allem dann, wenn es sich um ein Kassettenteil bzw. Kassettenlaufwerk mit Autoreverse-Funktion handelt, das für jede Bandlaufrichtung ein Schwungrad mit Capstan besitzt und daher naturgemäß etwas komplizierter aufgebaut ist. Ein solches Laufwerk sehen Sie in der folgenden Abbildung 5.5.1.

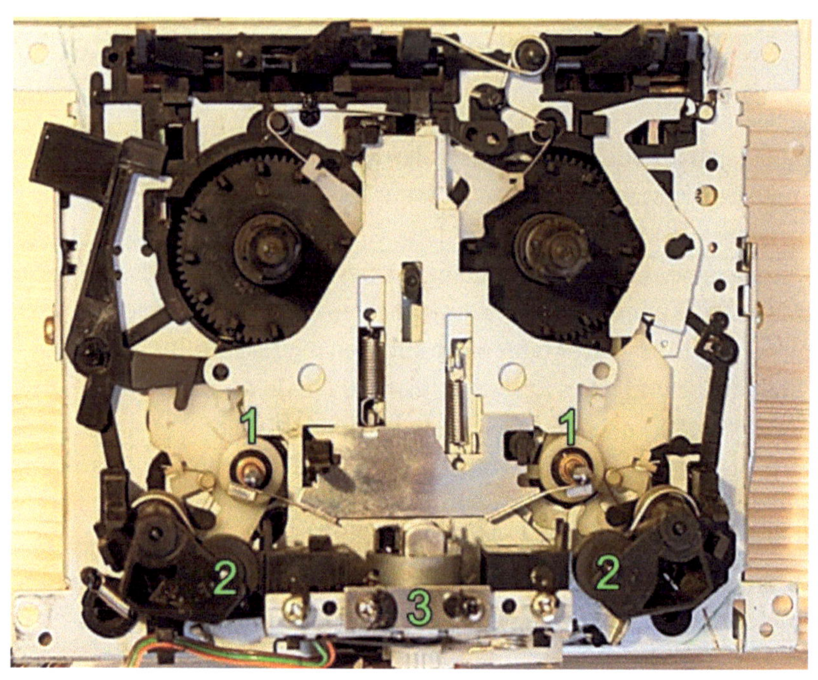

5.5.1 Kassettenlaufwerk mit Autoreverse

Durch die Autoreverse-Funktion muss die Kassette nicht nach jedem Durchlauf einer Bandseite gewendet werden. Die Laufrichtung des Bandes wird stattdessen einfach umgeschaltet. Möglich wird dies durch die zwei Antriebswellen mit Capstan (1) und zwei separate Andruckrollen (2) in einem solchen Laufwerk. Beim Tonkopf (3) gibt es mehrere Möglichkeiten, um diese praktische Funktion zu realisieren. In den Geräten für den reinen Wiedergabebetrieb (zum Beispiel in Autoradios mit Kassettenteil) verwendet man Tonköpfe mit vier Spuren, bei denen je nach Wiedergaberichtung zwischen jeweils zwei Spuren für die beiden Stereokanäle umgeschaltet wird. Handelt es sich allerdings um ein Gerät mit Aufnahmefunktion, kommt eine andere Technik zum Einsatz. Im Laufwerk in der Abbildung 5.5.1 wurde zum Beispiel ein um 180 Grad drehbarer

Tonkopf eingesetzt, sodass der in ihm integrierte Löschkopf in Bandlaufrichtung gesehen immer vor dem Tonkopf sitzt und die beiden Stereospuren sich auf die jeweilige Bandlaufrichtung bezogen immer in der richtigen Position befinden, um das Band richtig aufnehmen und abspielen zu können. Statt der Kassette wird also einfach der Tonkopf um 180 Grad gedreht. Bei der Reinigung solcher Laufwerke sollte unbedingt darauf geachtet werden, die zum Teil sehr empfindliche Mechanik nicht zu beschädigen. Dies gilt im Beispiel aus der Abbildung besonders für den Tonkopf und dessen Reinigung.

Oft gibt es aber die Möglichkeit, für eine einfache Reinigung der Bandführungen den Kassettenfachdeckel abzunehmen und auf diese Weise eine erste Reinigung durchzuführen, ohne dafür gleich das komplette Laufwerk ausbauen zu müssen.

5.5.2 Kassettenfach mit abgenommenem Kassettenfachdeckel

Der Kassettenfachdeckel kann zu diesem Zweck nach dem Öffnen des Kassettenfachs bei einigen Geräten vorsichtig nach oben abgezogen werden. Schauen Sie gegebenenfalls in der Anleitung zu Ihrem Kassettengerät nach, ob dies dort ebenfalls möglich ist (siehe auch Abbildung 5.5.2).

5.6 Austausch von Antriebsriemen und andere Reparaturen an Kassettengeräten

Das Auswechseln der Antriebsriemen ist bei einigen Kassettengeräten eine Geduldsarbeit. Vor allem gilt dies bei Autoreverse-Kassettendecks. Aber auch der Austausch von Antriebsriemen an Laufwerken für eine Laufrichtung kann sich durchaus etwas komplizierter gestalten, wenn zum Beispiel der Antriebsmotor für den Austausch der Riemen erst ausgebaut werden muss, wie dies bei einigen Ausführungen von Kassettenlaufwerken der Fall ist. Sollten Sie solche Arbeiten durchführen wollen, denken Sie auch hier immer zuerst an die eigene Sicherheit und nehmen Sie ein solches Gerät nach Möglichkeit nicht in geöffnetem Zustand in Betrieb. In der folgenden Abbildung 5.6.1 sehen Sie ein geöffnetes Kassettendeck. Gut zu sehen ist das Netzteil unten rechts in der Abbildung. Sollen Reparaturen an solchen Geräten (insbesondere am Kassettenlaufwerk) vorgenommen werden, bietet sich der Ausbau des Laufwerks an, der den Austausch von Antriebsriemen oder anderen Verschleißteilen wesentlich einfacher macht und der meist relativ schnell erfolgt ist. Sollte Ihnen der Austausch der Riemen oder anderer Verschleißteile zu kompliziert vorkommen oder Sie unsicher sein, welche Komponenten für den Austausch der einzelnen Bauteile ausgebaut werden müssen, überlassen Sie solche Reparaturarbeiten lieber entsprechend ausgebildeten Fachleuten. Dies gilt besonders dann, wenn es sich um ein hochwertiges und inzwischen selten gewordenes Gerät handelt, bei dem sich Beschädigungen durch eine schwierig gewordene Beschaffung von Ersatzteilen nur noch sehr kostenintensiv oder gar nicht mehr beheben lassen.

5.6.1 Geöffnetes Kassettendeck mit Laufwerk (oben links), Elektronik (unten links) und Netzteil (unten rechts)

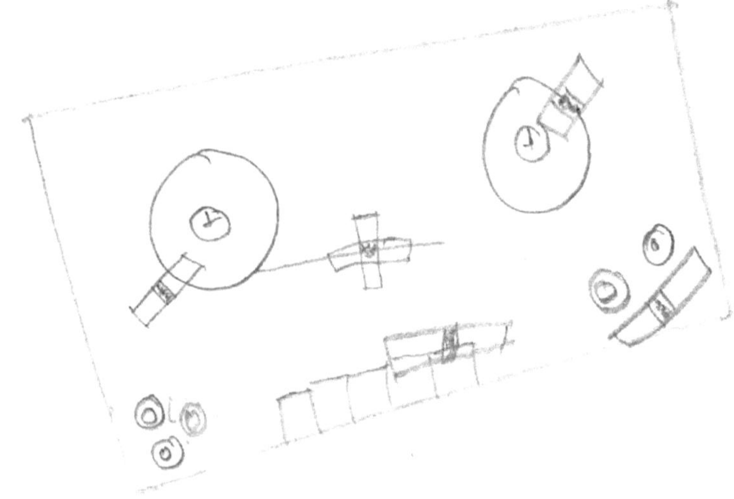

Alles wird wieder heil

Kapitel 6:
Wiederinbetriebnahme eines Tonbandgerätes

In diesem Kapitel geht es um die Reparatur und Wiederinbetriebnahme eines alten Tonbandgerätes, wie es solche wahrscheinlich noch in recht großer Anzahl auf irgendwelchen Dachböden oder in Kellerräumen gibt und die wahrscheinlich schon für eine lange Zeit in Vergessenheit geraten sind. Viele von diesen Geräten sind leider nicht mehr funktionsfähig. Das gilt übrigens auch für viele Geräte, die im Internet sehr oft als Keller- oder Dachbodenfunde ohne (Funktions-) Garantie verkauft werden. Das Gerät, um das es in diesem Kapitel geht, ist ein solches Tonbandgerät. Es weist zudem noch eine besondere „Krankheit" auf, nämlich die sogenannte Riemenpest.

An sich ist es eine relativ harmlose Angelegenheit, diesen Fehler bzw. diesen Defekt zu beheben. Die eigentliche Reparatur besteht nur darin, die Reste der alten Antriebsriemen zu entfernen und danach neue Antriebsriemen aufzulegen. Allerdings ist dies der Praxis leichter gesagt als getan. Doch zunächst zum Gerät, bei dem es sich um ein N4414 von Philips handelt, ein altes Vierspur-Stereogerät, das aus der ersten Hälfte der 1970er Jahre stammt. Es ist ein an sich relativ unanfälliges Tonbandgerät, das bereits über eine elektronische Laufwerksteuerung verfügt und viele Zwischenräder oder verschleißbehaftete Mechanikteile als mögliche Fehlerquellen gar nicht mehr enthält. Auch rein optisch war es noch in einem recht guten Zustand, bevor es gereinigt und repariert wurde.

6.1 Das Bandgerät und dessen Zustand

In der folgenden Abbildung 6.1.1 sehen Sie das N4414 bereits im wieder hergestellten Zustand. Der Zustand war bei Erhalt des Gerätes schon recht gut. Allerdings war dies nur der äußere Eindruck.

6.1.1 Das Tonbandgerät im wieder betriebsbereiten Zustand

Vor allem dann, wenn die Geräte im Keller oder in einem feuchten Raum gelagert werden, können sich im Laufe der Jahre oder Jahrzehnte verschiedene Arten von Fehlerbildern einstellen, wegen denen eine spätere Wiederinbetriebnahme nicht ohne Weiteres möglich ist. Im Laufe der Jahrzehnte kommt es zu Verschleißerscheinungen oder zu einer Materialermüdung, besonders an der Mechanik solcher Geräte. Aber auch die Elektronik ist häufig betroffen. Einige Schwachstellen gibt es an den meisten der

Geräte. Viele der Defekte tauchen immer wieder an den Geräten des gleichen Herstellers oder in einer Baureihe auf. Auch bei diesem Gerät sollte dies nicht anders sein. Befindet sich das Gerät allerdings noch in einem guten und erhaltenswerten Zustand, lohnt sich eine Reparatur in der Regel schon, vor allem dann, wenn keine herstellerspezifischen Bauteile bzw. Ersatzteile für die Reparatur benötigt werden. Die Antriebsriemen sind in den meisten Fällen auch heute noch erhältlich, wenn es sich nicht gerade um besonders seltene oder exotische Geräte handelt. Dies ist allerdings bei diesem Gerät hier nicht der Fall, eine Reparatur war also durchaus ohne größeren Ersatzteilaufwand möglich.

6.2 Einfach in Betrieb nehmen oder besser nicht?

Kann bzw. sollte man ein solches Gerät einfach in Betrieb nehmen, wenn es in einem guten optischen Zustand ist? Da es sich um kein Röhrengerät mit einigen wahrscheinlich defekten Kondensatoren handelt, könnte man wirklich auf die Idee kommen, einfach den Stecker in die Netzsteckdose zu stecken und das Gerät auszuprobieren. Sollten Sie ein solches Gerät besitzen oder erwerben wollen, überprüfen Sie vor der ersten Inbetriebnahme aber unbedingt, ob die Netzspannung richtig eingestellt wurde. Sehen Sie sich dazu auch die folgende Abbildung 6.2.1 an. In der Abbildung ist ein Spannungswähler zu sehen, wie dieser in vielen der Geräte aus vergangenen Zeiten eingebaut wurde. Ein Blick auf diesen Spannungswähler ist sinnvoll, soll eine Beschädigung des Gerätes durch eine falsch eingestellte Spannung vermieden werden.

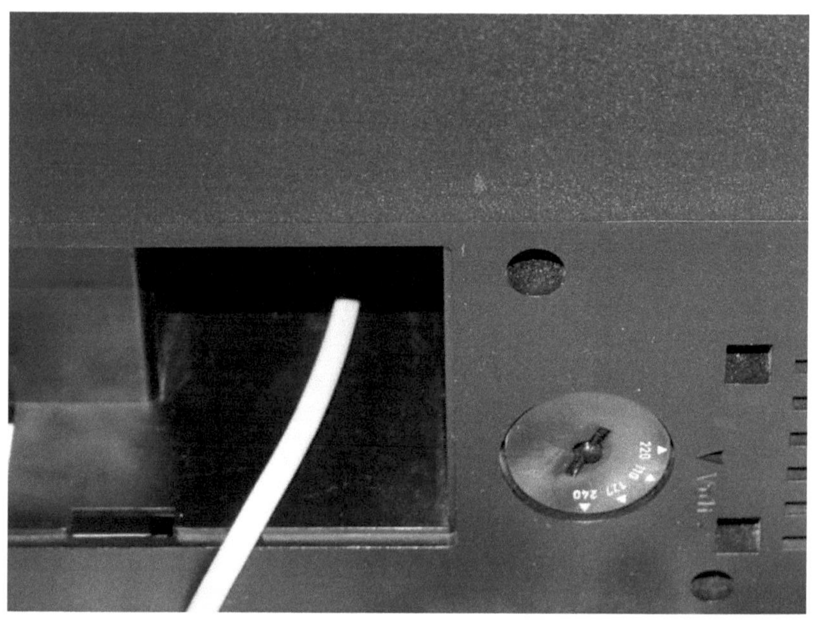

6.2.1 Schalter am Gerät zur Einstellung der korrekten Netzspannung

Dieses Gerät hier ist auf eine Spannung in Höhe von 220 Volt eingestellt. Hierbei handelt es sich um die bis 1987 übliche Netzspannung, die in weiten Teilen Europas verwendet wurde. Neben dieser Spannung lassen sich noch 110, 127 oder 240 Volt einstellen. In diesem Fall kann aber die Netzspannung tatsächlich so belassen werden. Eine Umstellung der Netzspannung auf 240 Volt ist normalerweise nicht notwendig, obwohl heute eine Spannung von 230 Volt üblich ist. Erfahrungsgemäß bereitet die etwas höhere Spannung den Geräten keine Schwierigkeiten, da ohnehin eine Toleranz von 22 Volt ober- und unterhalb dieser Spannung gegeben ist und die tatsächliche Ausgangspannung an der Steckdose oft unter den maximal erlaubten 253 Volt liegt (230 Volt plus die Toleranz von 23 Volt oberhalb oder unterhalb der Nennspannung). Wer auf Nummer sicher gehen will, kann natürlich auch die Netzspannung auf

240 Volt einstellen. Wichtig ist nur, dass die Spannung nicht auf 110 oder 127 Volt eingestellt wurde. Viele der damals im Handel erhältlichen Geräte waren für mehrere Netzspannungen ausgelegt und besaßen solche Spannungsumschalter. Viele der heute üblichen Geräte sind entweder nur für die darauf angegebene Netzspannung geeignet oder bereits von Haus aus für den Betrieb an einer Netzspannung zwischen 110 und 240 Volt ausgelegt wie etwa viele Geräte mit einem Schaltnetzteil. Doch dies ist ein anderes Thema.

Zurück zu diesem Gerät hier. Es wurde in diesem Fall schon eine erste Inbetriebnahme vor der Reparatur durchgeführt. Nach dem Einschalten des Gerätes war ein leises Motorensummen zu hören, die Beleuchtung für das eingebaute Anzeigeinstrument funktionierte ebenfalls. Bei genauerem Hinsehen stellte sich allerdings heraus, dass weder das Schwungrad noch die beiden Wickelteller angetrieben wurden. Als Ursache dafür sollten sich defekte Antriebsriemen herausstellen, eine typische Krankheit der Geräte aus der damaligen Zeit. An ein Abspielen eines Bandes war so nicht zu denken. Dazu musste das Gerät erst einmal auseinandergenommen und repariert werden.

Wie sich später herausstellte, zeigte es noch einige andere Fehler, die allerdings relativ einfach zu beheben waren und die für solche Geräte mit einem gewissen Alter durchaus üblich sind. Dazu gehören sehr oft kratzende Einstellregler für die Einstellung der Lautstärke und die Aufnahmeaussteuerung des Gerätes oder andere Funktionen, Kontaktprobleme an Schaltern (Aufnahme und Wiedergabe) sowie an den Steckkontakten für die in der Hauptplatine eingesetzten Module. Oft kommt es bei den Geräten mit diesen Steckmodulen auch vor, dass die Module sich aus den Halterungen lösen und es dadurch zu Ausfällen beim Betrieb der Geräte kommt. Aber auch diese Fehler lassen sich relativ leicht beheben. Es handelt sich nur um typische

Verschleißerscheinungen, die bei den Geräten ab einem bestimmten Alter immer wieder mal auftreten können.

6.3 Ein erster Blick in das Innere des Gerätes

Die folgende Abbildung 6.3.1 zeigt einen Blick ins Innere des Tonbandgerätes. Man kann gerade bei diesem Tonbandgerät sehr gut erkennen, dass in der damaligen Zeit etwa Anfang der 1970er Jahre noch sehr viel Wert auf eine gewisse Servicefreundlichkeit und einen klaren Aufbau des Gerätes gelegt wurde.

6.3.1 Ein erster Blick in das Tonbandgerät

Praktischerweise lässt sich nach Abnahme der Abdeckung über dem Bandlaufwerk das komplette Bedienteil nach oben klappen und wie die Motorhaube eines Autos durch eine Stange fixieren. Dadurch wird die gesamte Mechanik des Gerätes leicht zugänglich, wobei das

Laufwerk noch einmal separat ausgebaut werden kann. Die Verbindung des Laufwerks zum Bedienteil und zu den Laufwerkstasten erfolgt hier bei diesem Tonbandgerät rein elektrisch durch eine Steckverbindung. Das gesamte Laufwerk kann also sehr einfach ausgebaut und überholt bzw. repariert werden. Natürlich ist dies nicht bei allen Tonbandgeräten so. Dieses Gerät hier ist allerdings diesbezüglich sehr wartungsfreundlich aufgebaut.

6.4 Die Entfernung der Riemenreste und die Reparatur des Gerätes

Nach näherer Betrachtung wurde sehr schnell klar, was innerhalb des Gerätes an Aufwand für eine Reinigung und Entfernung der alten Antriebsriemen notwendig sein würde. In der Abbildung 6.4.1 sehen Sie die Reste der zum Teil verflüssigten Antriebsriemen, die sich in eine sehr hartnäckige und schmierige Masse verwandelt hatten. Sollten Sie einmal beabsichtigen, eine solche Reparatur bzw. Reinigung vorzunehmen, soll Ihnen an dieser Stelle die Verwendung von Handschuhen dringend empfohlen werden. Leider lassen sich die Reste der Antriebsriemen nur sehr schwer und mit viel Geduld entfernen. Diese Arbeit stellt sehr oft den größten Zeitaufwand bei der Reparatur solcher Tonbandgeräte dar. Allerdings sind zum größten Teil nur die Geräte aus einer bestimmten Zeit von der so genannten „Riemenpest" betroffen, wie diese „Krankheit" häufig auch bezeichnet wird. Zunächst wurden die Reste so gut wie möglich vorsichtig mit einem trockenen Tuch und anschließend mit Isopropanolalkohol entfernt. Auf metallenen Oberflächen kann auch Aceton verwendet werden, bei Kunststoffen sollten Sie allerdings vorsichtig mit Aceton sein, da dieses Mittel gegebenenfalls den

Kunststoff auflöst. Dies gilt in ähnlicher Weise auch für Benzin oder
andere Flüssigkeiten, die für solche Reinigungszwecke gerne
eingesetzt werden und die Lösungsmittel enthalten.
Zugegebenermaßen ist gerade der Zeitaufwand für die
Riemenentfernung sehr hoch. Allerdings lohnt es sich bei solchen
Geräten, diese doch sehr zeitraubende Arbeit durchzuführen,
insbesondere dann, wenn der Zustand des Gerätes ansonsten noch
recht gut ist, was bei diesem Exemplar hier der Fall war.

6.4.1 Verflüssigter Antriebsriemen bzw. dessen Überreste

Die Abbildung 6.4.1 zeigt nur einen der insgesamt vier vorhandenen
Antriebsriemen bzw. dessen Überreste. Natürlich waren auch die
anderen Antriebsriemen in einen ähnlichen Zustand zerfallen und
mussten erst mühsam entfernt werden. Sehen Sie sich dazu auch die
folgende Abbildung 6.4.2 an, die einen der beiden Antriebsriemen für
die Wickelteller zeigt. Insbesondere die Reinigung der Riemenräder
gestaltete sich sehr umständlich. Kleiner Tipp: Am besten werden für

solche Arbeiten sowohl die Wickelteller als auch die Riemenräder zur einfachen und gründlichen Reinigung ausgebaut. Bei der Gelegenheit können auch gleich die Lager für die Wickelteller mit neuen Schmiermitteln versehen werden. Auch die anderen Mechanikteile sollten hier und da mit einem Tropfen Öl versehen werden, damit nachher alles leichtgängig ist und gut funktioniert.

6.4.2 Auch die anderen Riemen sind von der Riemenpest betroffen

Das Laufwerk dieses Gerätes hier ist glücklicherweise sonst sehr wartungsfreundlich aufgebaut und ließ sich relativ einfach wieder in einem betriebsbereiten Zustand versetzen. Den größten Anteil und Zeitaufwand stellte die Riemenentfernung dar. Nachdem diese Arbeit durchgeführt und das Laufwerk gründlich gesäubert wurde, ließ es sich leicht wieder in Betrieb nehmen. Bei solchen Reinigungsarbeiten sollten Sie aber auch das Innere des Gehäuses nicht vergessen. Auch hier tauchen erfahrungsgemäß immer einige der Reste von den Antriebsriemen auf, die vorsichtig entfernt werden müssen. Bei der

Reinigung des hier vorgestellten Gerätes wurde eine Unterlage aus altem Zeitungspapier verwendet, um zu verhindern, dass die schwarze Riemenmasse auf den Tisch bzw. auf die Arbeitsfläche gelangen kann.

6.5 Die erste Inbetriebnahme nach der Reparatur des Gerätes

Nach der Instandsetzung des Laufwerks konnte eine erste Funktionsprobe erfolgen. Die folgende Abbildung 6.5.1 zeigt das noch auseinandergebaute Gerät während dieser ersten Funktionsprobe mit einem eingelegten Band.

6.5.1 Das Gerät während eines ersten Probelaufs im geöffneten Zustand

Die Funktionsprobe wurde hauptsächlich durchgeführt, um zunächst eventuelle Fehler an der Elektronik oder an anderen Teilen des Gerätes festzustellen. Dabei stellte sich heraus, dass noch einige Kontaktprobleme bestanden, die grundlegende Funktion des Gerätes aber bereits gegeben war. Es ging also darum, erst einmal einen Überblick zu erhalten.

Sowohl die Aufnahme als auch die Wiedergabe funktionierten, der Klang der Aufnahme war relativ klar, obwohl die Bandführungen und Tonköpfe zunächst nur oberflächlich gereinigt worden waren. Durch diese Funktionsprobe stellte sich aber heraus, dass sich weitere Reparaturarbeiten und eine gründlichere Inaugenscheinnahme durchaus lohnen sollten.

6.5.2 Die Elektronik des Gerätes mit mehreren Steckmodulen

In der Abbildung 6.5.2 sehen Sie einen Teil der Elektronik des Gerätes, die aus einer Hauptplatine, aus mehreren kleinen Platinen und einigen Steckmodulen besteht. An sich ist die Elektronik nur wenig anfällig für Fehler, dennoch sorgen einige Umschalter und Steckkontakte doch immer wieder für Probleme beim Betrieb des Gerätes. Allerdings lassen sich solche Fehler in der Regel relativ leicht beheben. Auch die Regler für die Lautstärke und die Aufnahmeaussteuerung wollten durch Staubablagerungen im Inneren nicht mehr einwandfrei funktionieren.

Mit etwas Kontaktspray an den richtigen Stellen konnten die Kontaktschwierigkeiten aber relativ leicht beseitigt werden. Die Kontakte an den Schaltern mussten vorsichtig mit etwas Kontaktspray versehen und anschließend mehrere Male betätigt werden. Die Kontakte an den Steckmodulen oder an den weiteren Steckverbindungen können bei solchen Arbeiten ebenfalls vorsichtig mit etwas Kontaktspray versehen und die Stecker danach mehrere Male gelöst und wieder verbunden werden, um dann wieder einen einwandfreien Kontakt herzustellen. In einigen Fällen kann es auch sinnvoll sein, die Kontaktflächen auf den Platinen vorsichtig mit etwas Isopropanolalkohol zu säubern, bevor die Module wieder eingesteckt werden. Übrigens lassen sich die Kontaktflächen auf den Platinen auch sehr gut mit einem Radiergummi reinigen.

Die Potentiometer lassen sich ebenfalls auf ähnliche Weise wieder in einen funktionsfähigen Zustand versetzen, indem etwas Kontaktspray in das Innere der Regler gegeben wird und diese anschließend mehrere Male betätigt werden. In einigen Fällen reicht es sogar aus, wenn Sie durch die alleinige mehrfache Betätigung der Regler die Schleifkontakte reinigen bzw. die darauf vorhandene, dünne Staubschicht beim mehrmaligen Betätigen der Regler entfernen.

Die folgende Abbildung 6.5.3 zeigt das gereinigte und reparierte Gerät während des Abspielens eines Tonbandes.

6.5.3 Das gereinigte und reparierte Tonbandgerät Philips N4414

Das Tonbandgerät N4414 ist ein gutes Beispiel dafür, wie sich ältere Geräte aus den 1970er Jahren mit etwas Mühe wieder reparieren und in einen guten und erhaltenswerten Zustand versetzen lassen. Das N4414 hat wie viele andere Geräte noch einen weiteren Vorteil: Es kann auch ohne Stereoanlage genutzt werden, da es zwei eingebaute Endstufen und Lautsprecher besitzt.

Oft werden solche Geräte auch vom Dachboden oder aus dem Keller geholt bzw. in einigen Fällen sogar gebraucht gekauft, um alte Erinnerungen wach werden zu lassen und möglicherweise auch, um noch vorhandene Tonbänder wieder einmal anhören zu können. Viele der noch gebraucht erhältlichen Geräte lassen sich wie dieses hier wieder reparieren. Allerdings sollten Sie beim Kauf unbedingt auf einen guten Allgemeinzustand ohne größere Beschädigungen oder zu starke Gebrauchsspuren achten.

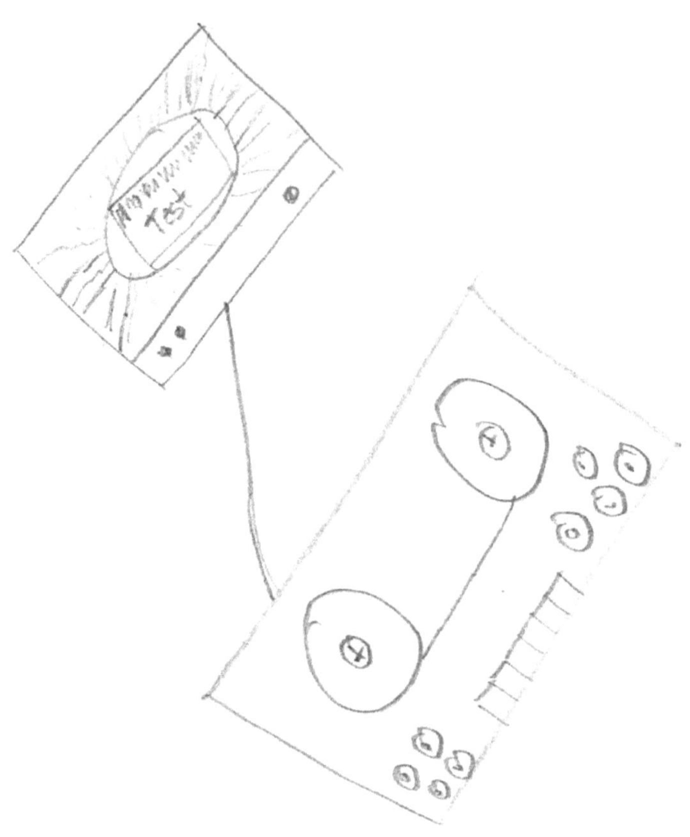
Test

Kapitel 7: Weitere Infos zur Tonbandtechnik

In diesem Kapitel finden Sie noch einige weiterführende Informationen zu Themen rund um die Tonbandtechnik bzw. die Magnetbandaufzeichnung. So finden Sie beispielsweise einige Informationen zu Erfindungen, die für die spätere Entwicklung der Tonbandtechnik wichtig waren sowie einige Meilensteine im Bereich der Tonbandtechnik. Weiterhin soll Ihnen noch eine besondere Art der Bandmaschine vorgestellt werden, nämlich eine Videobandmaschine, die Ende der 1960er Jahre auf den Markt kam und die erstmalig die Aufzeichnung von Videosignalen im Form von Fernsehbildern daheim ermöglichen sollte. Diese Videobandmaschine sieht aus wie ein Tonbandgerät, ist aber quasi einer der Vorläufer der später eingeführten Videogeräte bzw. Videorekorder. Doch zunächst zu einigen wichtigen Meilensteinen aus der Tonbandtechnik.

7.1 Einige wichtige Erfindungen bei der Entwicklung der Tonbandtechnik

Schon lange Zeit vor der Entwicklung eines ersten Tonbandgerätes hatten die Menschen den Wunsch, Klänge aufzuzeichnen. Die ersten Gehversuche in diesem Bereich verwendeten unterschiedliche Techniken, oft aber nur mit mäßigem Erfolg. Von den ersten Möglichkeiten einer magnetischen Schallaufzeichnung bis hin zum ersten wirklich funktionierenden Tonbandgerät in einer ähnlichen

Form, wie diese heute noch bekannt ist, verging tatsächlich eine gewisse Zeit. Den Anfang machten Geräte wie der von Thomas Alva Edison entwickelte Phonograph, auf den der Erfinder im Februar 1878 ein Patent erhielt. Dieses Gerät stellte eine der ersten Möglichkeiten dar, überhaupt Klänge auf ein Speichermedium aufzuzeichnen. Allerdings handelte es sich bei dieser „Sprechmaschine" um ein rein mechanisch arbeitendes Gerät, wenn es auch genial konstruiert war. Elektronisch funktionierende Verstärker oder Lautsprecher gab es zur damaligen Zeit noch nicht. Somit war die Wiedergabe der aufgezeichneten Klänge auch qualitativ nicht besonders hochwertig und vor allem nicht sehr laut.

Später gab es weitere Entwicklungen, die der Sprach- und Musikaufzeichnung dienen sollten wie etwa das Grammofon (Patentanmeldung im September 1887) und später die Schallplatte. Mit der Tonbandtechnik haben diese Erfindungen allerdings neben der Möglichkeit der Schallaufzeichnung nur wenig gemeinsam.

Als einer der Vorläufer der heute bekannten Tonbandtechnik kann die Aufzeichnung von Tonsignalen bzw. den daraus resultierenden elektrischen Signalen auf Stahldraht bezeichnet werden. Immerhin nutzten diese Geräte erstmalig das Grundprinzip der magnetischen Tonaufzeichnung. Eine wichtige Erfindung stellte dabei das sogenannte Telegraphon dar, eine Erfindung aus dem Jahr 1899 von dem dänischen Telegrafeningenieur Valdemar Poulsen. Dieses Gerät konnte schon zur Speicherung von Telefonaten eingesetzt werden und sorgte für großes Aufsehen auf der Weltausstellung im Jahr 1900. Später wurden Geräte entwickelt, die mit Stahlband auf Spulen arbeiteten und die eine Weiterentwicklung der Stahldrahtgeräte darstellten. Die Technik der Aufzeichnung von Audiosignalen auf Medien wie Stahl in Form von Bändern oder Drähten funktionierte allerdings nur mit einer nicht gerade guten Klangqualität. Außerdem

war die Handhabung der Speichermedien nicht einfach. Ein neuer
Datenträger in Form eines Papierbandes mit einem magnetisierbaren
Metall sollte dies ändern.

Es waren erste Experimente, welche zu Beginn des 20. Jahrhunderts
durch den deutsch-österreichischen Ingenieur Fritz Pfleumer
stattfanden und die in einem Magnetband resultierten, das den bis
daher verwendeten Materialien aus Stahl weit überlegen war. Im
Jahr 1927 gab es schließlich einen Papierstreifen mit gehärtetem
Stahlstaub, der auf dem Trägermaterial mit Lack fixiert worden war
und damit einen magnetisierbaren Tonträger darstellte, quasi die
erste Form des Tonbandes. Ein Jahr später, im Jahr 1928, wurde das
Verfahren zur Herstellung dieser „Lautschriftträger", wie die Bänder
anfangs genannt wurden, mit einem Patent versehen. Im gleichen
Jahr wurde ein Prototyp eines Magnetbandgerätes hergestellt.

Die ersten Tonbänder hatten eine Breite von 16 Millimetern und
immerhin schon zwei Spuren. Die anfängliche Bandgeschwindigkeit
lag bei etwa 25 Zentimetern pro Sekunde. Für eine Spieldauer von
nur etwa einer Stunde waren somit schon rund 900 Meter an
Bandmaterial notwendig.

Im Dezember des Jahres 1932 überließ der Erfinder Pfleumer die
Nutzungsrechte der AEG (damals „Allgemeine Elektricitäts-
Gesellschaft") in Berlin. Hier wurde schließlich ein erstes
Magnetbandgerät entwickelt und gebaut, das im August des Jahres
1935 unter dem Namen Magnetophon K1 auf der Funkausstellung in
Berlin der Öffentlichkeit vorgestellt wurde. Wesentlich an der
Entwicklung dieses Gerätes beteiligt war der deutsche Ingenieur
Eduard Schüller, welcher später auch noch wesentlich an der
Entwicklung anderer wichtiger Erfindungen beteiligt war wie etwa an
der Aufzeichnung von Fernsehsignalen für Videorekorder oder an der

Entwicklung anderer Erfindungen zur Bildaufzeichnung wie etwa der Bildplatte.

Doch zurück zum ersten Tonbandgerät: Bereits das erste Exemplar aus dem Jahr 1935 war technisch sehr aufwendig gestaltet. So hatte es einen neuen Antrieb mit zwei separaten Motoren für den Antrieb der beiden Spulen und einen weiteren Motor für den Antrieb des Bandtransportes. Die Steuerung des Laufwerks erfolgte über Drucktasten. Die Bandgeschwindigkeit lag bei etwa einem Meter pro Sekunde. Auf eine Spule mit einem Durchmesser von 30 Zentimetern passte Bandmaterial für eine Spieldauer von rund 20 Minuten. Leider zerstörte ein Feuer in der Ausstellungshalle fünf der Mustergeräte und somit alle zu dieser Zeit existierenden Exemplare des Gerätes. Glücklicherweise war man jedoch in der Lage, mithilfe noch vorhandener Einzelteile ein neues Gerät zu bauen und später die Entwicklung dieser Technik voranzutreiben. Ein Jahr später folgten weitere Exemplare des Magnetophons mit den Bezeichnungen K2 und K3, beides Weiterentwicklungen des ursprünglichen Modells K1.

In den Folgejahren wurden verbesserte Ausführungen gebaut, darunter auch Exemplare, welche die im Jahr 1940 eingeführte Hochfrequenzmagnetisierung enthielten und damit eine wesentlich bessere Aufzeichnungsqualität boten als die bis dato gebauten Geräte. Diese Hochfrequenzmagnetisierung (Aufzeichnung von hochfrequenten Wechselspannungen in einem Bereich zwischen etwa 50 bis hin zu mehr als 100 Kilohertz) wurde laut verschiedenen Quellen mehr oder weniger durch Zufall entdeckt. Es waren in einem Verstärkerteil der Aufnahmeelektronik durch einen Defekt bzw. durch eine Fehlfunktion entstandene Hochfrequenzschwingungen, die überraschenderweise für eine wesentliche Verbesserung der Aufnahmequalität sorgten. Neue, mit dieser Hochfrequenzmagnetisierung ausgestattete Geräte erreichten eine bis dato nicht gekannte Klangqualität. Damit war quasi der Durchbruch der Tonbandtechnik geschafft. Dabei war diese Technik laut mehreren amerikanischen Quellen nicht neu. Bereits in den 1920er Jahren wurde durch zwei amerikanische Forscher die hochfrequente Wechselstrom-Vormagnetisierung (hier auch als AC Bias bezeichnet) entdeckt. Mithilfe dieser Technologie ließ sich das Rauschen der Aufnahmen auf den Tonträgern sehr stark reduzieren. Es gab laut verschiedenen Quellen damals sogar ein US-amerikanisches Patent auf diese Technologie. Damals wurde diese Technik allerdings noch bei den mit magnetisierbarem Stahldraht arbeitenden Aufnahmegeräten eingesetzt.

Im Laufe der weiteren Jahre wurden die Tonbandmaterialien verbessert, und unter anderen begannen die beiden Firmen Agfa und BASF mit der Herstellung von Tonbändern. Einige Hersteller von Geräten der Unterhaltungselektronik, darunter Grundig oder Telefunken, bauten in den 1950er die ersten Tonbandgeräte für den Privatgebrauch. Eines der ersten erschwinglichen Geräte war ein Tonbandgerät namens Reporter 500L von Grundig, das 1951 zu einem enormen Verkaufserfolg für den Konzern wurde. In den Folgejahren entstanden von nahezu allen namhaften Herstellern aus der damaligen Zeit Koffergeräte oder Einbaugeräte zur Aufzeichnung und Wiedergabe von Musik und Sprache auf Magnetbändern.

Es waren vor allem die relativ preisgünstigen Heimtonbandgeräte, die für eine schnelle Verbreitung dieser Technik sorgten, da die Nutzer so erstmalig die eigene Stimme oder sogar Musik aufzeichnen und in einer für damalige Verhältnisse sehr guten Qualität wiedergeben konnten. Natürlich waren diese ersten Geräte oft sehr spartanisch ausgestattet und boten eine für heutige Verhältnisse doch recht bescheidene Klangqualität. Aber immerhin war es eine Technik, die sich durchsetzte und eine Zukunft hatte.

Eines der damals bedeutendsten Geräte war das ebenfalls von
Grundig stammende TK5. Hierbei handelt es sich um ein für damalige
Verhältnisse relativ kleines und leichtes Bandgerät, das zudem relativ
preisgünstig erhältlich war. Mitte der 1950er Jahre wurde es zu
einem Preis von rund 460 DM verkauft. Später folgten noch einige
luxuriöser ausgestattete Geräte, sodass auch die immer häufiger
anzutreffenden Hobby-Tontechniker für ihre Zwecke geeignete
Geräte erwerben konnten und damit zu einer neuen Zielgruppe für
die Hersteller der noch recht jungen Tonbandtechnik wurden.

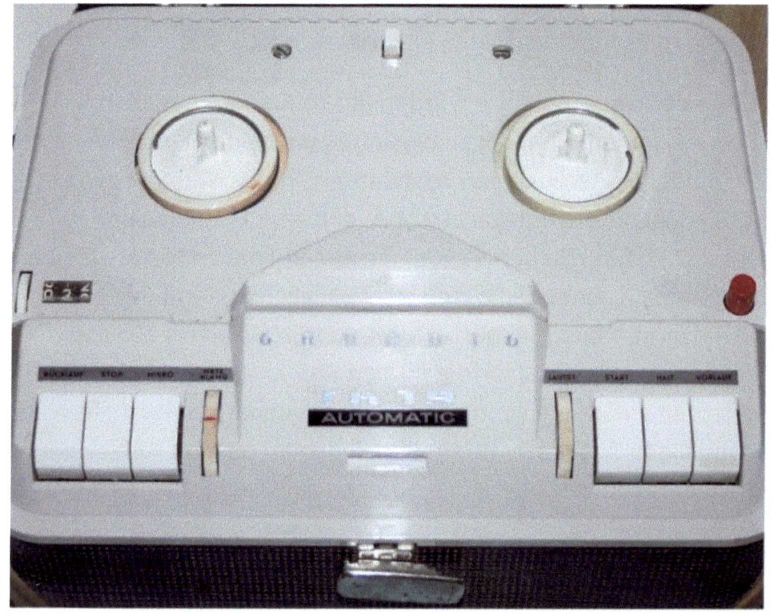

7.1.1 Grundig TK19, typisches Heimtonbandgerät der 1960er Jahre

In den 1960er Jahren war das Tonband längst zu einem
Massenprodukt geworden. Ständig kamen neue Modelle auf den
Markt, darunter auch die ersten Stereogeräte, Tonbandgeräte mit
drei Motoren und elektronischer Laufwerkssteuerung oder besser

ausgestattete Modelle mit einer Hinterbandkontrolle und einer Klangaufzeichnung in Hi-Fi-Qualität.

Anfang der 1960er Jahre, genauer gesagt im Jahr 1963, machte dann erstmalig eine neue Technik (die allerdings nach dem gleichen Grundprinzip arbeitet) den bis dato verbreiteten Tonbandgeräten Konkurrenz: die Kompaktkassette. Hierbei handelt es sich um ein Tonbandgerät in einer sehr kompakten Form, bei dem hauptsächlich Qualität auf eine leichte Bedienung gelegt wurde.

7.1.2 Ein frühes Kassettengerät, Philips EL3301

179

Das von vielen Menschen als umständlich empfundene Einfädeln des Bandes in die Leerspule entfiel bei diesem ersten Kassettengerät. Außerdem konnte es aufgrund der relativ kleinen Kassetten sehr kompakt gebaut werden, sodass es sich zumindest am Anfang hauptsächlich als tragbares Gerät zur Aufzeichnung von Sprache eignete. Später folgten natürlich auch hier wesentliche Verbesserungen, darunter Geräte für den Stereobetrieb und einer wesentlich verbesserten (HiFi-) Aufnahmequalität, die mit der Stereoanlage verbunden werden konnten oder sogar in den Anlagen der 1970er bis 1990er Jahre als feste Komponenten enthalten waren.

Aber auch nach der Erfindung der Kompaktkassette wurde das Tonbandgerät keineswegs zum Alteisen. Noch einige Jahre nach der Erfindung der Tonband- bzw. Audiokassette wurde es vor allem im Bereich der hochqualitativen Aufzeichnung von Musik und Sprache eingesetzt, unter anderem in Tonstudios oder Rundfunkstudios. Auch viele Tonbandfans zuhause nutzten die großen Maschinen weiterhin (zum Teil sogar bis in die heutige Zeit).

7.2 Videos auf Magnetband aufzeichnen

Schon relativ kurze Zeit nach der Entwicklung des Tonbandes und dessen Serienreife fragte man sich, ob nicht auch eine Aufzeichnung von Videosignalen und damit von Bildern auf Magnetband möglich wäre. Es sollte sich herausstellen, dass dies schon möglich ist, aber mit einem doch wesentlich größeren Aufwand, als dieser bei der reinen Tonaufzeichnung notwendig war. Für die Aufzeichnung von Videos auf Magnetband ist eine Speicherung von Signalen mit einer wesentlich höheren Frequenz notwendig. Der aufzuzeichnende Frequenzbereich ist bei Tonbandgeräten sehr stark begrenzt, sodass oft nur eine Aufzeichnung von Frequenzen im hörbaren Bereich oder etwas darüber möglich ist. Um Videosignale aufzuzeichnen, müssen allerdings Frequenzen mit einer wesentlich höheren Bandbreite gespeichert werden. Um solche Signale mit höheren Frequenzen aufzeichnen zu können, muss die Geschwindigkeit des Bandes erhöht werden. Je höher die effektive Bandgeschwindigkeit (Bandtransport am Aufnahme-Wiedergabekopf vorbei) ist, desto höhere Frequenzen lassen sich aufzeichnen. Um die Bandgeschwindigkeit zu erhöhen, besteht natürlich die Möglichkeit, das Band einfach schneller am Kopf vorbei laufen zu lassen. Allerdings wären für die Aufzeichnung von Videosignalen Bandgeschwindigkeiten von mehreren Metern pro Sekunde notwendig. Das im Folgenden vorgestellte Gerät erreicht die für die Videoaufzeichnung notwendige Bandgeschwindigkeit durch einen technischen Trick. Das Band läuft nicht tatsächlich mit mehreren Metern pro Sekunde an den Bandführungen vorbei, sondern erreicht diese Aufzeichnung mit einer wesentlich höheren Aufzeichnungsdichte mithilfe einer rotierenden Kopftrommel (siehe Abbildung 7.2.1).

7.2.1 Rotierende Kopftrommel in einem Videogerät (vorne links)

Das Band selbst wird mit einer Geschwindigkeit von 18,48 Zentimetern pro Sekunde transportiert und entspricht damit in etwa der Bandgeschwindigkeit von herkömmlichen Tonbandgeräten, die sich oft auf einen Bandtransport von rund 19 Zentimetern pro Sekunde einstellen lassen. Durch die rotierende Kopftrommel und den darauf montierten zwei Videoköpfen bewegen sich die Köpfe allerdings mit einer Relativgeschwindigkeit von mehr als acht Metern pro Sekunde am Band vorbei. Dabei steht die Kopftrommel etwas schräg zum Bandlauf. Aus diesem Grund spricht man bei diesem Verfahren auch von der sogenannten Schrägspuraufzeichnung oder über das Schrägspurverfahren. Das Band wird während des Transportes um 180 Grad um die Kopftrommel herum geschlungen.

Dieses Verfahren war zum Zeitpunkt der Einführung des hier vorgestellten Philips LDL 1002 bzw. der baugleichen Ausführung Video 9180 (etwa 1969) nicht neu. Schon Anfang der 1960er Jahre wurde das Schrägspurverfahren vom amerikanischen Unternehmen Ampex vorgestellt. Doch zurück zu diesem Gerät hier. Es sieht äußerlich aus wie ein damals gebräuchliches Tonbandgerät, wenn man einmal von der auffälligen Abdeckung für die große Kopftrommel absieht. Bei der Entwicklung des Gerätes wurde großer Wert auf eine einfache Bedienung gelegt. Leute, die schon einmal ein Tonbandgerät benutzt haben, sollten möglichst schnell mit dem neuen Videogerät zurechtkommen. Dementsprechend übersichtlich angeordnet sind auch die Bedienungselemente des Gerätes.

Neben den auch bei den Tonbandgeräten vorhandenen Laufwerkstasten zu finden sind insgesamt drei Regler. Zwei davon dienen zur Aufnahmeaussteuerung, und zwar getrennt für das Audiosignal und das Videosignal. Der dritte Regler ist der sogenannte Trackingregler. Er dient dazu, bei der Wiedergabe eines Bandes die Spurlage anpassen zu können, sodass die Bilddarstellung einwandfrei

ist. Dieser Regler war in vielen späteren VHS-Videorekordern
ebenfalls noch vorhanden und dürfte Ihnen sicherlich noch bekannt
vorkommen, wenn Sie schon einmal einen Videorekorder besessen
haben. Für die Aufnahmeaussteuerung sind außerdem zwei
Aussteuerungsinstrumente vorhanden, auch hier wieder jeweils eines
für das Audiosignal und das Videosignal. Der rechte der drei
Drehregler enthält auch den Netzschalter für das Gerät. In der
Abbildung 7.2.2 sehen Sie die Bedienungselemente des Gerätes.

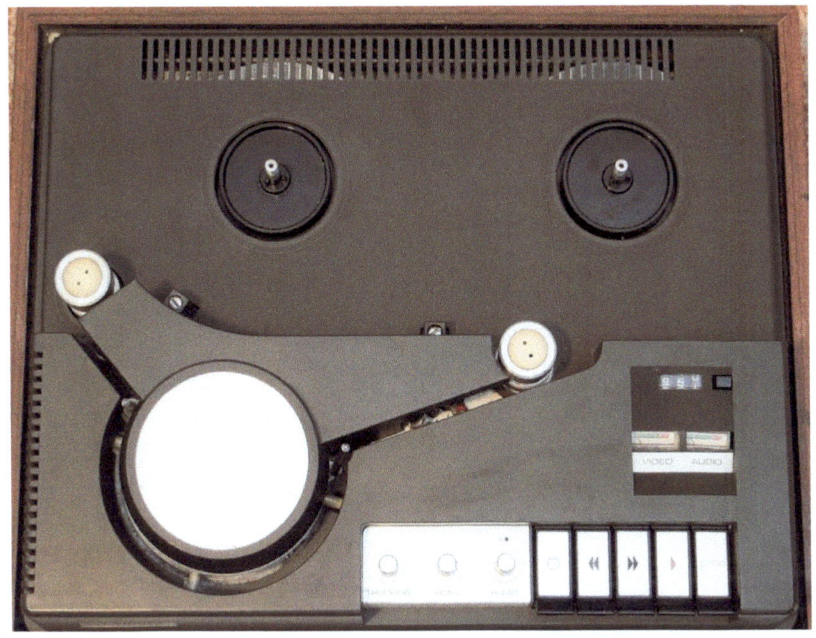

7.2.2 Die Bedienelemente des Philips LDL 1002

Zum einfacheren Auffinden einzelner Bandstellen ist auch ein
Bandzählwerk verbaut, das Ihnen ebenfalls von den meisten
Tonbandgeräten bekannt sein dürfte. Auffällig sind vor allem die
beiden großen Umlenkrollen sowie die große runde Abdeckung über
der Kopftrommel, an der das Band vorbeigeführt wird. Die Breite des

Bandes beträgt bei diesem Gerät einen halben Zoll, das Videoband ist damit doppelt so breit wie herkömmliches Tonband und genauso breit wie das Videoband, das auch in VHS-Kassetten verwendet wird.

Das Gerät weist noch ein paar weitere Besonderheiten auf. Eine davon besteht aus dem sogenannten Wirbelstromantrieb für die beiden Wickelteller. Es handelt sich hierbei um eine verschleißfreie Antriebsart, die durch zwei übereinander angeordnete und magnetisierte Scheiben realisiert wurde. Je nach Betriebsart (Vor- oder Rücklauf) wird der Antrieb immer zu einer von zwei Aluminiumscheiben für den rechten oder den linken Wickelteller geschwenkt, die dann zwischen diese Scheiben eintauchen. Siehe dazu auch die Abbildung 7.2.3, in welcher dieser Antrieb zu sehen ist.

7.2.3 Der Wirbelstromantrieb für die beiden Wickelteller

Dieser Antrieb wird sowohl für den Bandtransport während der Aufnahme und Wiedergabe genutzt als auch für den Bandtransport

beim Umspulen des Bandes vorwärts oder rückwärts. Eine weitere
Besonderheit ist die Wirbelstrombremse, die verwendet wird, um die
Kopftrommel während der Aufnahme und Wiedergabe auf exakt der
benötigten Drehzahl zu halten. Das Prinzip besteht darin, den Kopf
mit einer gewissen Drehzahl anzutreiben (durch einen zusätzlich zum
Bandtransport vorhandenen zweiten Asynchronmotor) und ihn je
nach Bedarf durch die Wirbelstrombremse auf die genau benötigte
Drehzahl abzubremsen. Diese Einrichtung wurde verwendet, da der
zum Antrieb der Kopftrommel eingesetzte Asynchronmotor nicht in
seiner Drehzahl geregelt werden kann wie etwa ein elektronisch
geregelter Gleichstrommotor. In der folgenden Abbildung 7.2.4 ist
diese Wirbelstrombremse zu sehen.

7.2.4 Die Wirbelstrombremse im LDL 1002

Das Audiosignal wird beim Philips LDL 1002 mit einem separaten
Tonkopf aufgezeichnet und später bei der Wiedergabe wieder

abgenommen. Dieser Tonkopf enthält außerdem noch einen weiteren Kopf, der für die Synchronisierung bzw. für die Aufzeichnung und Abtastung der sogenannten Synchronisationsimpulse benötigt wird. Diese Spuren sind nur sehr schmal, die Spurbreite für die Tonspur oder die Synchronisationsspur beträgt jeweils weniger als einen Millimeter. Die Aufzeichnung der Synchronisationsimpulse erfolgt im unteren Bereich des Bandes, die Aufzeichnung der Audiosignale im oberen Bereich. Die Synchronisationsimpulse werden übrigens benötigt, um das Videobild später einwandfrei darstellen zu können, damit es während der Wiedergabe nicht durchläuft. In der folgenden Abbildung 7.2.5 sehen Sie links die Kopftrommel und rechts davon die Kopfträgerplatte, in deren Zentrum sich der Capstan befindet. Links vom Capstan sehen Sie den kombinierten Audio- und Synchronkopf.

7.2.5 Die große Kopftrommel und die weiteren Bandführungen im Philips LDL 1002

Erwähnenswert ist übrigens auch die doch etwas seltsame Bandführung in diesem Videogerät. Sie betrifft vor allem die rechte

Bandspule. Zunächst muss das Band an der großen Kopftrommel vorbeigeführt werden, sodass es diese etwa halbkreisförmig umschlingt. Das Band wird allerdings auf der rechten Spule quasi von der Innenseite des Gerätes aufgewickelt, da sich die Spule genau in die entgegengesetzte Richtung der linken Bandspule dreht, nämlich im Uhrzeigersinn. Um auf diesen Umstand aufmerksam zu machen, hat der Hersteller im Deckel des Gerätes eine Skizze angebracht. In der folgenden Abbildung 7.2.6 sehen Sie diese kleine Skizze.

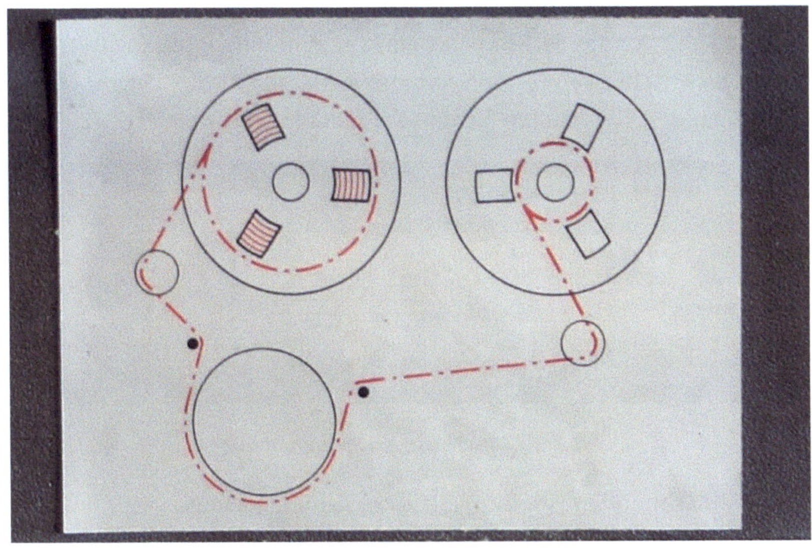

7.2.6 Die Bandführung des Philips LDL 1002, festgehalten in einer Skizze

Der Anschluss des Philips LDL 1002 an den Fernseher erfolgte übrigens durch einen speziellen Adapter. Separate Anschlüsse in Form eines Antenneneingangs sowie eines Antennenausgangs besitzt dieses Gerät hier nicht. Das Videosignal musste früher vom Fernsehgerät an den Videorekorder weitergeleitet und von diesem aufgezeichnet werden. Während der Wiedergabe wurde dann das vom Videorekorder abgegebene Videosignal (wie auch das entsprechende Audiosignal) wieder an den Fernseher abgegeben, wobei in diesem das Signal vom Empfangsteil des Fernsehgerätes während der Videowiedergabe unterbrochen wurde. Das Fernsehgerät musste also für die Verwendung des LDL 1002 erst umgebaut werden, außerdem war es notwendig, dass das Fernsehgerät auch während der Videoaufzeichnung eingeschaltet blieb, da der LDL 1002 keinen eigenen Fernseherempfänger besitzt wie die später eingeführten Videogeräte, die dann mit Kassetten arbeiteten. Der Philips LDL 1002 besitzt zum Anschluss an externe Geräte einen kombinierten Videoeingang und Videoausgang mit weiteren Anschlüssen für den Audioeingang und Audioausgang. In der Abbildung 7.2.7 sehen Sie diese Anschlüsse.

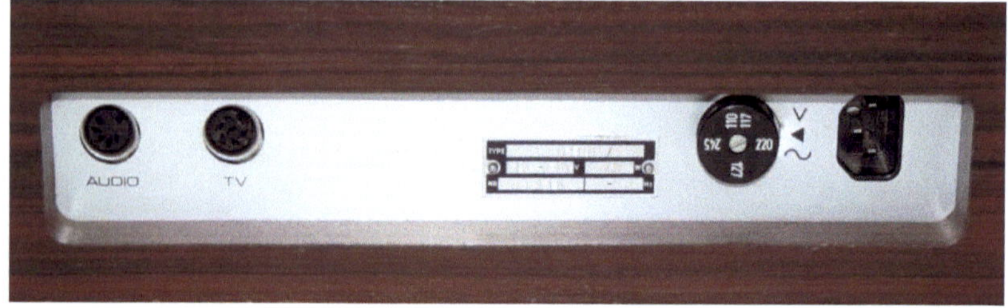

7.2.7 Die Anschlüsse am Philips LDL 1002

Ebenfalls vorhanden ist ein zusätzlicher Audioanschluss (ganz links im Bild zu sehen). Über diesen können zusätzliche Audiosignale aufgezeichnet und diese während der Wiedergabe wieder abgenommen werden. Der mit TV gekennzeichnete Anschluss für die Ein- und Ausgabe von Audio- und Videosignalen arbeitet übrigens bidirektional. Die gleichen Anschlüsse werden also sowohl als Eingänge als auch als Ausgänge verwendet, je nach Betriebsart des Gerätes (Aufnahme oder Wiedergabe).

Ein Videosignal aufnehmen und abspielen kann der Videorekorder übrigens nur in Schwarz-Weiß. Eine Aufzeichnung von Videobildern in

Farbe war erst mit den später eingeführten Videorekordern mit Kassetten möglich. Neben dem LDL 1002 gab es noch weitere Modelle von Videorekordern, die mit offenen Bandspulen arbeiteten. Ein weiteres Beispiel aus Japan ist der Akai VT 100 sowie das kurze Zeit später eingeführte Modell VT 110. Einige dieser Videoanlagen waren sogar schon mit einem kleinen Bildschirm sowie mit einer Kamera ausgestattet und für den mobilen Betrieb ausgelegt. Alle diese Videorekorder aus der Anfangszeit sind inzwischen begehrte Sammlerstücke, für die zum Teil sehr hohe Preise bezahlt werden. Das eben genannte Modell Akai VT 100 übrigens arbeitet sogar mit einer Bandbreite von einem viertel Zoll und somit mit der gleichen Bandbreite wie herkömmliche Tonbandgeräte.

Die folgende Abbildung zeigt die Unterseite des Videorekorders LDL 1002. Nach dieser Abbildung folgen noch ein paar Erläuterungen zur Abbildung 7.2.8. Wie Sie in der Abbildung sehen können, ist die Unterseite des Gerätes in verschiedene Bereiche unterteilt. Die einzelnen Komponenten sind auf dem Chassis recht übersichtlich angeordnet. Auffällig an der Konstruktion ist vor allem die große Platine zur Aufzeichnung und zur Wiedergabe der Ton- und Videosignale, die in der Abbildung mit der Ziffer 4 gekennzeichnet wurde.

Enthalten sind in diesem Gerät zwei Antriebsmotoren, einer davon zum Antrieb des Bandtransportes, der andere für den Antrieb der Kopftrommel. Bei beiden Motoren handelt es sich um damals sehr häufig in den Bandmaschinen eingesetzte Asynchronmotoren. Die Netzteilelektronik wurde in diesem Gerät separat auf einer Platine untergebracht. Ebenfalls separat eingebaut ist ein Netztransformator zur Versorgung der Elektronik mit den dort benötigten Betriebsspannungen.

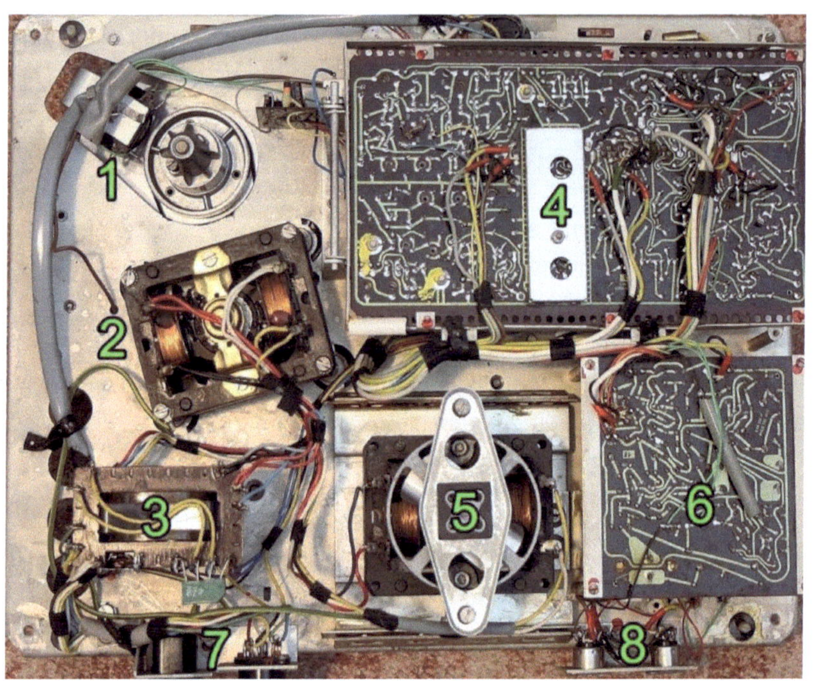

7.2.8 Der LDL 1002 mit Netzteil, Motoren und Elektronik

1. In diesem Bereich zu sehen ist die Wirbelstrombremse, an
    der Oberseite auf dem Chassis des Gerätes befindet sich die
    Kopftrommel. Links oben direkt unter dem Kabel zu sehen ist
    der Elektromagnet, durch den die Wirbelstrombremse
    gesteuert wird.

2. Direkt unter der Wirbelstrombremse zu sehen ist der
    Antriebsmotor für die Kopftrommel. Es handelt sich hierbei
    um einen Asynchronmotor, wie dieser damals auch in
    zahlreichen Tonbandgeräten in ähnlicher Form eingebaut
    wurde.

3. Unter dem Motor befindet sich der Netztrafo für die Elektronik des Gerätes, bestehend aus der Audio- und Videoelektronik.
4. Die große Platine enthält die Elektronik für den Audio- und Videoteil des Gerätes sowie einen Großteil der übrigen Elektronik.
5. Dies ist der Antriebsmotor für die Wickelteller und den Bandtransport. Er treibt sowohl die Schwungscheibe mit Capstan an als auch die beiden Wickelteller (über den bereits erwähnten Wirbelstromantrieb).
6. Diese Platine enthält unter anderem die Netzteilelektronik des Gerätes.
7. Hier zu sehen ist der Netzanschluss des Gerätes mit der Möglichkeit der Einstellung auf verschiedene Netzspannungen.
8. Die beiden DIN-Buchsen werden benötigt für den kombinierten Audio- und Videoanschluss sowie für den separaten Audioanschluss des Gerätes.

Diese frühen Videogeräte sind nicht ganz unproblematisch bei der Handhabung und recht fehleranfällig, wie sich schon bei mehreren Geräten gezeigt hat. Auch diese Geräte sind von der sogenannten Riemenpest befallen. Es wurden bereits mehrere Geräte mit großem Aufwand von den verflüssigten Riemenresten befreit, um anschließend die Geräte mit neuen Antriebsriemen wieder in Betrieb nehmen zu können. Auch bei dem hier gezeigten Gerät war diese doch recht zeitraubende Arbeit notwendig. Diese Arbeit hat sich allerdings gelohnt, da das Gerät wieder ohne größere Probleme in einen betriebsbereiten Zustand versetzt werden konnte, wie auch die folgende Abbildung 7.2.9 zeigt. Hier sehen Sie das Gerät in Betrieb mit einem Testbild, das zuvor auf das Videoband aufgenommen worden ist. Bei dem hier verwendeten Videoband handelt es sich übrigens aus einer alten VHS-Kassette gewonnenes Videoband, das auf die alten Spulen übertragen wurde. Altes Videomaterial für solche Geräte ist leider heute noch sehr schwer zu bekommen. Bei diesem Gerät hier wurde ein Videoband mitgeliefert, allerdings war dieses nicht mehr zu gebrauchen, da es einen sehr starken Bandabrieb aufwies.

7.2.9 Der Philips LDL 1002 beim Testlauf

Es ist nicht uninteressant, neben den normalen Tonbandgeräten auch einmal solche Videogeräte aus früheren Zeiten unter die Lupe zu nehmen. Leider sind diese Geräte allerdings nur sehr schwer (und wenn, dann meist recht teuer) zu bekommen. Der Aufwand für die Beschaffung der Geräte und die Reparatur lohnt sich aber, da diese Geräte mit Sicherheit immer seltener werden und daher erhalten werden sollten, um einmal aufzuzeigen, wie Videoaufnahmen vor 50 Jahren oder mehr erfolgten, was heute auf Knopfdruck mit jedem

Smartphone möglich und für die meisten Menschen schon zur Selbstverständlichkeit geworden ist. Früher war dies noch ein wesentlich größerer Aufwand, als die Videoaufzeichnung auf Magnetband noch aktuell war und solche oder ähnliche Maschinen für die Aufzeichnung von Videos notwendig waren.

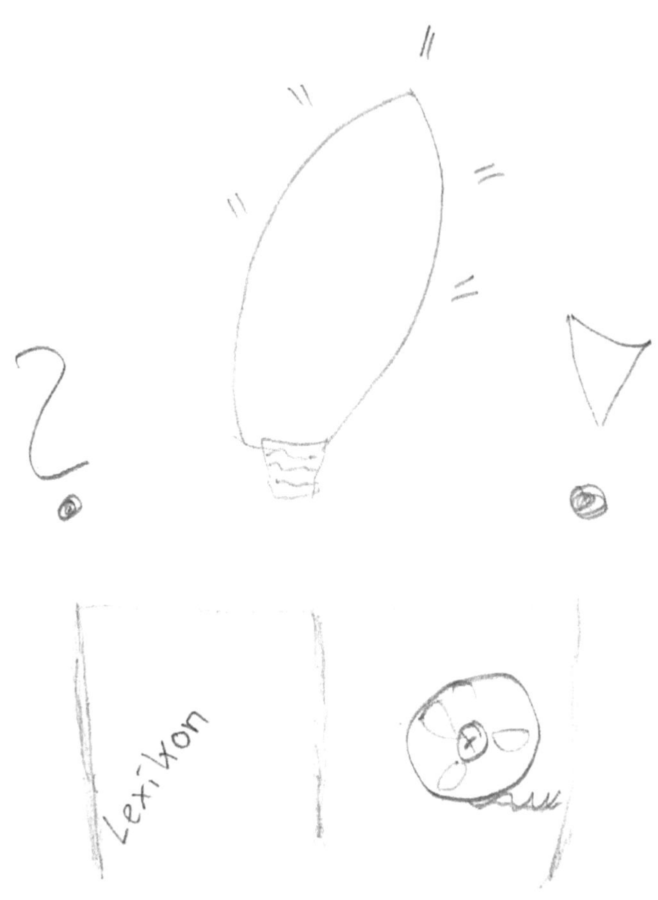

Lexikon

Kapitel 8: Extrateil mit kleinem Tonbandlexikon

Hier sind einige zusätzliche Informationen zum Thema Tonband und Bandmaschinen zu finden. Sie können diesen Teil zum Beispiel als eine Art Nachschlagewerk nutzen, wenn Sie einmal eine einfache Erklärung zu einem Begriff aus der Tonbandtechnik suchen. Es folgt nun eine Aufstellung einiger der wichtigsten Begriffe zu diesem Thema. Wie sich dies für ein (wenn auch nur kleines) Lexikon gehört, erfolgt die Aufstellung der Begriffe in alphabetischer Reihenfolge. Sie erhebt jedoch keinen Anspruch auf Vollständigkeit. Auch in diesem Teil des Buches sollen einige Abbildungen der Illustration dienen oder die einzelnen Begriffe mit zusätzlichen Informationen anreichern.

Abrieb

Als Abrieb bezeichnet wird in der Tonbandtechnik in der Regel das, was an allen Teilen des Tonbandgerätes zurückbleibt, die direkt mit dem Tonband in Berührung kommen. Hierbei handelt es sich um die Tonköpfe, die Bandführungen sowie die Andruckrolle und den Capstan. Es sind Rückstände vom Bandmaterial, welche die Klangqualität in negativer Weise beeinflussen können und die im schlimmsten Fall sogar wie eine Schmirgelmasse wirken und die Bandführungen oder Tonköpfe beschädigen. Sehen Sie sich zu diesem Thema auch die Beiträge in Kapitel 3 dieses Buches an.

Abriebfestigkeit

Dieser Begriff bezeichnet die Widerstandsfähigkeit des Tonbandes gegenüber dem eben genannten Abrieb. Je höher die Abriebfestigkeit ist, desto haltbarer ist auch das Tonband. Abriebfeste Tonbänder sind auch besser für die Köpfe oder Bandführungen eines Gerätes. Leider weisen die meisten Tonbänder nach einigen Jahrzehnten aber einen relativ hohen Abrieb auf. Dies kann so weit gehen, dass die Bänder gereinigt werden müssen oder besser entsorgt werden sollten.

Abschirmung

Die Abschirmung ist wie in vielen anderen Bereichen der Elektronik auch in der Tonbandtechnik wichtig. Es geht darum, Störungen sowohl bei der Aufnahme als auch bei der Wiedergabe eines Bandes zu vermeiden. Die Abschirmung verhindert die Entstehung unerwünschter Spannungen, die häufig als Störspannungen bezeichnet werden. Außerdem soll die Abschirmung das Entstehen elektromagnetischer Streufelder verhindern. Sie kann auf unterschiedliche Weise erreicht werden, beispielsweise mithilfe einer Abschirmung von Kabeln mit einem dünnen Drahtgeflecht. Eine magnetische Abschirmung wird in der Regel durchgeführt, indem ein bestimmter Teil der Elektronik quasi in Metall eingepackt wird.

Abschirmung in einem Radiogerät (rechts)

Akustische Rückkopplung

Es ist jenes unangenehme Pfeifen, das sehr häufig bei der Verstärkung von Signalen aus einem Mikrofon auftritt, das als Akustische Rückkopplung bezeichnet wird. Die Rückkopplungen entstehen dann, wenn das aktivierte Mikrofon sich in unmittelbarer Nähe des Lautsprechers befindet, der das vom Mikrofon aufgenommene Signal wiedergibt. Die durch den Lautsprecher abgestrahlten Schallwellen gelangen wieder in das Mikrofon, werden verstärkt und über den gleichen Lautsprecher wiedergegeben. Es kommt zu einer Rückkopplung, indem die vom Lautsprecher ausgestrahlten Signale durch das Mikrofon aufgenommen, verstärkt, wiedergegeben, wieder aufgenommen und erneut verstärkt werden, sodass die Signale sich quasi aufschaukeln, bis dieses ohrenbetäubende Pfeifen entsteht. Abhilfe bringt es, wenn das Mikrofon so aufgestellt wird, dass es nicht mehr die Schallwellen des Lautsprechers aufnehmen kann.

Aufnahmekopf

Häufig wird der Aufnahmekopf auch als Sprechkopf oder einfach nur als Tonkopf bezeichnet. Er wandelt elektrischen Strom in magnetische Felder um. Diese magnetisieren ein Tonband auf unterschiedliche Weise, sodass darauf die elektrischen Signale quasi gespeichert werden, die über den Aufnahmekopf auf das Band gelangen. Es gibt Tonbandgeräte mit einem separaten Aufnahmekopf, häufig wird allerdings auch ein kombinierter Tonkopf für die Aufnahme und Wiedergabe eingesetzt (hauptsächlich aus Kostengründen).

Aufnahmeverstärker

Der Aufnahmeverstärker wird benötigt, um die Schallwellen in Form elektrischer Signale soweit zu verstärken, dass diese dem Aufnahmekopf zugeführt werden können, um das Tonsignal auf das Band zu bringen. Verstärkt werden in der Regel kleine Spannungen aus einem Mikrofon oder aus einer externen Audioquelle wie etwa von einem Rundfunkgerät. Die Stärke der Signale kann vom Benutzer beeinflusst werden, indem dieser den Aufnahmepegel so einstellt, sodass das Tonband in optimaler Weise mit der Sprache oder Musik bespielt werden kann. Die Einstellung der Signale in der richtigen Stärke wird häufig auch als Aufnahmeaussteuerung bezeichnet. Auch hier wird bei manchen Tonbandgeräten gespart, indem kein separater Aufnahmeverstärker verbaut wird, sondern ein kombinierter Verstärkerteil für die Aufnahme oder die Wiedergabe eines Bandes. Lediglich Geräte mit einer sogenannten Hinterbandkontrolle benötigen separate Aufnahme- und Wiedergabeverstärker.

Aussteuerung, Aufnahmeaussteuerung

Die Aufnahmeaussteuerung wird vom Benutzer des Tonbandgerätes mithilfe der Aussteuerungsregler oder durch eine im Gerät integrierte Automatik eingestellt. Kontrolliert wird dabei die Aufnahmeaussteuerung in der Regel mithilfe von entsprechenden Instrumenten, die oft als Zeigerinstrumente oder LED-Zeilen ausgeführt sind. Handelt es sich um ein Röhrengerät, wird meist ein Magisches Band oder ein Magisches Auge zur Kontrolle der Aufnahmeaussteuerung verwendet.

Aussteuerungsinstrumente in einem Kassettengerät

Azimut

Als Azimut wird die senkrechte Ausrichtung des Kopfspaltes vom Tonkopf zur Bandlaufrichtung hin bezeichnet, die sowohl bei der Aufnahme als auch bei der Wiedergabe stimmen muss, da es sonst zu einer stark verschlechterten Höhenwiedergabe kommt.

Banddicke, Tonbanddicke

Als Banddicke wird schlicht und einfach die Stärke eines Tonbandes bezeichnet. Es gibt verschiedene Ausführungen, die meist als Standardband, Langspielband, Doppelspielband sowie Vierfach- oder Sechsfachspielband bezeichnet werden. Je nach Banddicke ergeben sich bei einer bestimmten Spulengröße unterschiedliche Spielzeiten. Je stärker das Band ist, desto robuster ist es natürlich auch.

Bandgeschwindigkeit

Die Bandgeschwindigkeit ist eine sehr wichtige Größe in der Tonbandtechnik, da von ihr sowohl die maximale Aufnahmezeit bzw. die Spielzeit eines Bandes abhängt als auch die Aufnahmequalität. Es ist die Geschwindigkeit, mit der das Band an den Tonköpfen und an den weiteren Bandführungen vorbeiläuft. Angegeben wird sie in Zentimetern pro Sekunde (cm/s). Die in der Tonbandtechnik am häufigsten genutzten Bandgeschwindigkeiten sind 2,4 cm/s, 4,75 cm/s, 9,5 cm/s und 19 cm/s, wobei die Bandgeschwindigkeit von 9,5 cm/s sich als eine Art Standard herausgestellt hat, den so gut wie alle Tonbandgeräte beherrschen. Grundsätzlich gilt: Je höher die Bandgeschwindigkeit ist, desto besser die Klangqualität, desto geringer ist allerdings auch die erreichbare Spielzeit. Um für die unterschiedlichen Anwendungsbereiche (Aufnahme von Musik oder Sprache, gegebenenfalls auch die Nutzung als Diktiergerät) jeweils die am besten geeignete Bandgeschwindigkeit nutzen zu können, besitzen viele Geräte die Möglichkeit der Umstellung auf mehrere Bandgeschwindigkeiten, beispielsweise zwei oder drei verschiedene Geschwindigkeiten für unterschiedliche Verwendungszwecke.

Bandsalat

Den Bandsalat kennen die meisten Menschen noch aus der Zeit der Tonbandkassetten. Er entsteht, wenn ein Tonband- oder Kassettengerät nicht mehr in der Lage ist, das Band ordentlich aufzuwickeln und dieses unkontrolliert von der linken Spule oder aus der Kassette herausgeschoben wird.

Bandzug

Dies ist die Kraft, mit der das Band an den Köpfen und Bandführungen vorbeigezogen wird, um schließlich auf die rechte Bandspule aufgewickelt zu werden. Damit das Band möglichst sauber und gleichmäßig aufgewickelt werden kann, besitzen viele Bandmaschinen eine sogenannte Bandzugregelung. Sie dient im Wesentlichen dazu, das Band so schonend wie möglich zu transportieren und auf der rechten Bandspule wieder so sauber wie möglich aufzuwickeln. Umgesetzt wird eine solche Bandzugregelung entweder mechanisch oder durch eine elektronische Steuerung des Motors, der den rechten Wickelteller antreibt.

Bezugsband

Ein Bezugsband wird verwendet zum Einstellen eines Tonbandgerätes (oder Kassettengerätes, hier wird es natürlich in Form einer Kassette verwendet). Es enthält mehrere Abschnitte, mit deren Hilfe sich verschiedene Parameter eines Gerätes einstellen lassen, darunter die Bandgeschwindigkeit, die korrekte Einstellung der Köpfe bei der Aufnahme und Wiedergabe sowie die Entzerrung des Verstärkerteils. Außerdem können mithilfe des Bezugsbandes oder auch Kontrollbandes Messungen und Korrekturen am Verstärkerteil eines Tonbandgerätes vorgenommen werden.

Bandbreite

Ein Tonband hat eine fest definierte Breite von 6,35 Millimetern, dies entspricht 1/4 Zoll. Es gibt noch weitere Breiten von Magnetbändern, darunter Bandbreiten von 1/2 Zoll (auch Bänder in Videokassetten) oder 0,15 Zoll (3,81 Millimeter) für Bänder in Kompaktkassetten.

Andruckrolle und Capstan in einem Tonbandgerät

Capstan

Der Capstan ist die Tonachse von Kassettenrekordern, Tonbandgeräten und Videorekordern. Zusammen mit der Andruckrolle sorgt der Capstan für einen gleichmäßigen Transport des Bandes an den Köpfen und an den weiteren Bandführungen vorbei.

Compact Cassette, kurz CC

Als Compact Cassette bzw. Kompaktkassette wird ein von Philips im Jahre 1961 entwickeltes Tonträgerformat bezeichnet. Lange Zeit war die Kassette neben dem Tonband das wichtigste Aufnahmemedium für Musik und Sprache.

Chromdioxid

Chromdioxid ist wie das Eisenoxid eine magnetisierbare Substanz, welche zur Beschichtung von Magnetbändern in Kompaktkassetten oder Videokassetten verwendet wird. Im Vergleich zum Eisenoxid erreichen Chromdioxidbänder schon bei geringen Bandgeschwindigkeiten recht gute Frequenzgänge, weshalb diese Bandsorte auch bevorzugt in Kompaktkassetten oder Videokassetten mit relativ geringer Bandgeschwindigkeit eingesetzt wird, um eine gute Klangqualität zu erhalten.

Diasteuerung

Sowohl Tonband- als auch Kassettengeräte wurden früher gerne zur Vertonung von Diafolgen eingesetzt. Aber nicht nur das. Auch zur Steuerung eines Diaprojektors konnten sie verwendet werden, einige technische Ausstattungsmerkmale vorausgesetzt. Dazu gehörten spezielle Tonköpfe sowie einige Zusatzgeräte für die Steuerung eines Diaprojektors mithilfe elektrischer Impulse, die durch auf dem Band gespeicherte Informationen ausgelöst wurden. Durch diese Sonderausstattung konnte man quasi gleich zwei Fliegen mit einer Klappe schlagen: Der Diavortrag wurde auf einfache Weise vertont, gleichzeitig wurden die Bilder zum gewünschten Zeitpunkt synchron mit der „Tonspur" weiter geschaltet.

DIN-Anschluss

Der DIN-Anschluss ist eine frühe bei Audiogeräten verwendete Art von Steckverbindung. Sie wurde in verschiedenen Bereichen eingesetzt, um Tonbandgeräte, Plattenspieler oder Radios miteinander zu verbinden und um die Tonsignale von einem Gerät an das andere zu übertragen. In der Audiotechnik wurden meist Steckverbindungen mit drei oder fünf Anschlüssen verwendet, um Tonsignale in Mono oder Stereo zu übertragen.

DIN-Anschlüsse an einem Kassettenrekorder

Heute verwendet man dafür andere Arten von Steckverbindungen wie Cinch- oder Klinkenstecker. Sollen alte Audiogeräte wie ein

Tonbandgerät mit moderneren Geräten wie Computern oder MP3-
Playern verbunden werden, müssen Adapterkabel eingesetzt werden.

Eisenoxid

Das Eisenoxid ist die Substanz in einem Tonband, die abhängig von
der Stromstärke im Aufnahmekopf magnetisiert wird. Beim
Wiedergabevorgang entstehen im Wiedergabekopf durch die
Magnetisierung des Eisenoxids wiederum elektrische
Wechselspannungen, die einem Verstärker zugeführt und schließlich
über einen Lautsprecher wiedergegeben werden.

Endloskassette, Endlosband

Die Endloskassette bzw. das Endlosband ist eine spezielle Form von
einem Tonspeicher. Wie der Name schon sagt, handelt es sich um
Endlosschleifen, die aufgezeichnet und später wiedergegeben
werden können. Solche Bänder wurden früher gerne in Geräten zur
Wiedergabe von Durchsagen oder auch in Anrufbeantwortern
eingesetzt. Das Tonband besteht einfach aus einer endlosen Schleife,
die durch ein Tonbandgerät läuft, in der Endloskassette ist meist eine
besondere Mechanik enthalten, durch die das Band in einer
Endlosschleife mit mehreren Sekunden aufgenommen und
wiedergegeben werden kann (siehe dazu auch Kapitel 1.7). Mithilfe
der speziellen Mechanik wird immer die gleiche Bandmenge an der
Innenseite der Bandspule herausgezogen, die an der Außenseite
wieder aufgespult wird. Auf der Spule befindet sich quasi immer die
gleiche Menge an Bandmaterial. Die Folge: Das Band ist praktisch
niemals zu Ende und läuft immer neu durch.

Frequenzbereich

Der Frequenzbereich ist eine sehr wichtige Größe im Bereich der
Audiotechnik. Er bezieht sich auf den Bereich hörbarer

Schwingungen, die ein Audiogerät aufzeichnen oder wiedergeben kann. Je größer bzw. weiter der Frequenzbereich ist, desto eine höhere Aufnahme- und Wiedergabequalität bietet das entsprechende Gerät wie ein Tonbandgerät oder auch ein Verstärker.

Gleichlauf

Der Gleichlauf ist wie auch der Frequenzbereich eine sehr wichtige Eigenschaft eines Tonbandgerätes. Er bezeichnet die Gleichmäßigkeit, mit der das Tonband an den Bandführungen und Köpfen vorbeiläuft. Ist kein ausreichender Gleichlauf gegeben, kommt es zu Schwankungen in der Tonhöhe. Bei Musikaufnahmen kann es zu sehr unangenehmen Klängen (auch Jaulen) kommen. Ein Gleichlauf wird aber nicht nur durch die gerätespezifischen Eigenschaften bestimmt, sondern wird auch durch eventuelle Defekte am Gerät hervorgerufen. So entsteht ein schlechter Gleichlauf oft auch durch einen sogenannten Schlupf, durch den das Band mit einer ungleichmäßigen Geschwindigkeit zwischen dem Capstan und der Andruckrolle gezogen wird. Ebenfalls wichtig für einen möglichst guten Gleichlauf ist eine konstante Drehzahl des Capstans. Diese wird erreicht durch eine Drehzahlregelung des hier verwendeten Antriebsmotors und die Verwendung einer möglichst großen und schweren Schwungmasse.

Gleichstrom

Der Gleichstrom fließt immer nur in einer Richtung, daher der Name. Er kann durch einen Akku oder eine Batterie erzeugt werden oder auch durch ein Netzteil, das aus der aus dem Stromnetz stammenden Wechselspannung eine Gleichspannung in konstanter Höhe erzeugt. Dies ist auch notwendig, da elektronische Schaltungen in Audiogeräten normalerweise mit einem Gleichstrom betrieben werden. Hier werden aber auch Wechselspannungen bzw.

Wechselströme verwendet, dessen Richtung des Stromflusses sich ständig ändert wie im Netzteil (Netztransformator) oder in den Tonköpfen, die ebenfalls mit Wechselspannungen arbeiten.

Halbspur

Es gibt bei den Tonbandgeräten mehrere Arten von Anordnungen der einzelnen Tonspuren. Wenn von der sogenannten Halbspuraufzeichnung die Rede ist, wird das Tonband in zwei Bereiche unterteilt, in der Regel eine Spur pro Wiedergabeseite. Bei den meisten dieser Geräte handelt es sich um Monogeräte, bei denen eine Tonspur auf der A-Seite (grünes Vorspannband) und eine auf der B-Seite (rotes Vorspannband) aufgezeichnet wird (siehe dazu auch Kapitel 2). Im Gegensatz dazu gibt es noch die sogenannten Vierspurgeräte für den Mono- oder Stereobetrieb, bei denen in jede Laufrichtung zwei Spuren entweder nacheinander oder bei Stereobetrieb gleichzeitig aufgezeichnet und später wiedergegeben werden können.

Heimtonbandgerät

Die meisten der heute noch im Umlauf befindlichen Tonbandgeräte sind sogenannte Heimtonbandgeräte, die für den Privatgebrauch hergestellt wurden. Heute würde man sagen, dass es sich um Geräte für den sogenannten Consumerbereich handelt. Im Gegensatz dazu gibt es noch die Studiotonbandgeräte, die von Profis genutzt wurden oder auch in Rundfunksendern sowie in Tonstudios oder anderen Einrichtungen aufgestellt waren und genutzt wurden.

Hertz

Hertz ist eine Einheit, mit der die Frequenz (Anzahl der elektrischen Schwingungen pro Sekunde) angegeben wird. Der Begriff stammt vom Namen des Entdeckers der elektromagnetischen Wellen,

Heinrich Hertz. Die Abkürzung lautet Hz. Gemessen werden in der
Einheit verschiedene Frequenzbereiche, darunter auch der für
Menschen hörbare Tonbereich und der Aufzeichnungsbereich von
Tonbandgeräten, der ebenfalls in Hertz (Hz) angegeben wird.

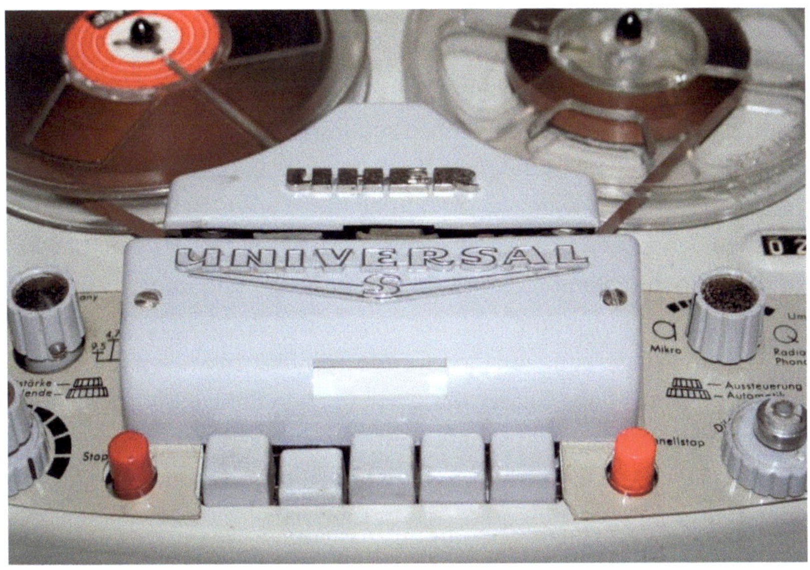

Kleines Heimtonbandgerät mit Elektronenröhren (Uher Universal S)

HiFi

Die Abkürzung HiFi steht für „High Fidelity". Dieser Begriff wurde
einmal zur Kennzeichnung von Geräten verwendet, die eine
besonders gute Klangqualität zu reproduzieren in der Lage waren. Es
ist also quasi ein Qualitätsbegriff, mit dem hochwertige
Stereoanlagen oder auch Tonbandgeräte bezeichnet wurden (oder
werden). In Deutschland gibt es, wie für so vieles andere auch, eine
DIN-Norm für diesen Bereich (DIN 45.500). Diese Norm müssen
Geräte erfüllen, die als HiFi-Geräte bezeichnet werden sollen. Die

technischen Voraussetzungen betreffen den vom Gerät verarbeiteten Frequenzbereich bei der Aufnahme und/oder Wiedergabe.

Hinterbandkontrolle

Die Hinterbandkontrolle ist ein sehr praktisches Ausstattungsmerkmal von Tonbandgeräten. Die gerade durchgeführte Aufnahme kann sofort über den separaten Wiedergabekopf und einen ebenso separaten Verstärkerteil abgehört werden. Dadurch ist es möglich, die Aufnahme bereits zu kontrollieren, noch während sie durchgeführt wird. Technisch gesehen handelt es sich um zwei getrennte Bereiche. Der eine davon ist der Aufnahmeverstärker mit Aufnahmequelle und dem dazugehörigen Aufnahmekopf, der andere der Wiedergabekopf mit separatem Wiedergabeverstärker und Kopfhörer bzw. Lautsprecher. Es sind aber nicht alle Geräte mit einer solchen Kontrollmöglichkeit in Form der praktischen Hinterbandkontrolle ausgestattet, sondern in der Regel lediglich die etwas besser ausgestatteten (und natürlich auch teureren) Tonbandgeräte, die besonders gerne von ambitionierten Tonbandfans in der Vergangenheit eingesetzt wurden (und heute zum Teil wieder eingesetzt werden).

Hochfrequenz-Vormagnetisierung

Als Hochfrequenz-Vormagnetisierung wird der Löschvorgang eines Tonbandes bezeichnet. Genau gesagt wird das Band durch den Löschkopf mit einer sehr hohen Frequenz bespielt. Diese liegt meist in einem Bereich zwischen etwa 50 und 100 Kilohertz (kHz) und somit im von Menschen nicht mehr hörbaren Bereich. Würde man das Band mit einem Permanentmagneten oder mit einem mit Gleichstrom gespeisten Löschkopf löschen, entstünde ein sehr starkes Bandrauschen. Daher wird die Magnetisierung mit Hochfrequenz verwendet. In manchen Fällen wird auch ein

Permanentmagnet zum Löschen des Bandes eingesetzt, vor allem bei besonders preisgünstigen Kassettenrekordern. Dieser wird dann nur während der Aufnahme an das Band geführt.

Impedanz

Die Impedanz ist der sogenannte Scheinwiderstand einer elektronischen Schaltung, in der Regel bestehend aus einem Kondensator sowie dem ohmschen Widerstand einer in dieser Schaltung befindlichen Spule. Auch die Impedanz wird wie der elektrische Widerstand in der Einheit Ohm angegeben. Ein Beispiel sind die Widerstandswerte bzw. Impedanzwerte von Lautsprechern, die ebenfalls in Ohm (meistens mit einer Impedanz in Höhe von 4 oder 8 Ohm) angegeben werden können.

Induktion

Von einer elektromagnetischen Induktion spricht man, wenn sich ein elektrischer Leiter innerhalb eines Magnetfeldes bewegt und dadurch in diesem elektrischen Leiter eine elektrische Spannung erzeugt wird. Diese Spannung wird dann oft auch als Induktionsspannung bezeichnet.

Kanal

Es gibt in einem Tonbandgerät einen Aufnahmekanal und einen Wiedergabekanal, genauso gut kann ein Verstärker auch als Einkanal- oder Mehrkanalverstärker ausgeführt sein (Mono oder Stereo). Es handelt sich hierbei also um den oder die Wege, welche ein zu verstärkendes Signal innerhalb einer Verstärkerschaltung nimmt.

Klebeschiene

Diese Vorrichtung wird verwendet, um ein Tonband bzw. zwei Bandenden möglichst sauber miteinander zu verbinden. Neben der

Klebeschiene wird noch ein spezielles Klebeband gebraucht, mit dem die Bandenden verklebt werden müssen. Die Klebeschiene wird verwendet, damit die beiden Enden des Tonbandes so exakt wie möglich aufeinander zulaufen.

Klinkenstecker

Der Klinkenstecker ist eine kompakte Steckverbindung, die hauptsächlich im Audiobereich eingesetzt wird, in einigen Fällen aber auch zur Übertragung von Daten oder Videosignalen. Es gibt die Klinkenstecker und die dazugehörigen Buchsen in verschiedenen Ausführungen und Größen wie zum Beispiel 2,5 mm, 3,5 mm und 6,3 mm und mit verschiedenen Anzahlen von Anschlüssen (zwei, drei oder vier). Die am häufigsten genutzten Ausführungen sind die Klinkenstecker mit einem Durchmesser von 3,5 mm in Mono oder Stereo, also in der zwei- oder dreipoligen Ausführung.

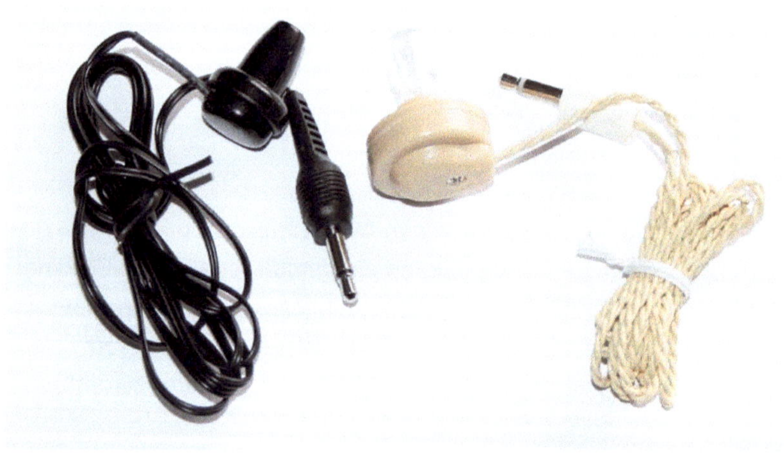

Zwei Ohrhörer mit Klinkensteckern

Es gibt mittlerweile aber auch andere Klinkenstecker mit vier oder sogar mit fünf Anschlüssen, die für verschiedene Zwecke eingesetzt werden wie für die kombinierte Übertragung von Audio- und Videosignalen, die Übertragung von digitalen Daten oder Steuerungsimpulsen für Audio- und Videogeräte sowie für Computer. Vor einigen Jahrzehnten wurden die Klinkenstecker auch zum Einspeisen einer Ausgangsspannung von einem Steckernetzteil verwendet. Aufgrund der beim Einstecken oder Herausziehen der Stecker unvermeidlichen kurzzeitigen Kurzschlüsse wurden für solche Einsatzgebiete später allerdings die sogenannten Hohlstecker verwendet.

Kombikopf

Hierbei handelt es sich um nichts anderes als um den Tonkopf in einem relativ einfach ausgestatteten Tonbandgerät. Über ihn wird bei der Aufnahme sowohl das Band magnetisiert als auch bei der Wiedergabe abgetastet. Neben dem Kombikopf ist dann lediglich ein zweiter Kopf in Form eines Löschkopfes vorhanden.

Kopfeinstellung

Der Kopf bzw. die Köpfe in einem Tonbandgerät müssen möglichst exakt eingestellt werden, um jederzeit eine optimale Aufnahme oder Wiedergabe möglich zu machen. Da gibt es beispielsweise die Spalteinstellung, bei der es sich um die genaue Kopfeinstellung senkrecht zur Bandlaufrichtung handelt. Weiterhin wichtig ist die Höheneinstellung des Tonkopfes, um das Band genau in der richtigen Position abzutasten oder bei der Aufnahme zu magnetisieren. Schließlich gibt es noch die genaue Kippung bzw. Neigung des Kopfspiegels zum Tonband hin und den sogenannten Bandandruck, welche zu den wichtigsten Kopfeinstellungen gehören.

Kopfträger

Dies ist eine mechanische Vorrichtung, die meist an professionell genutzten Tonbandgeräten verbaut wird und die Baugruppe bezeichnet, in der die Tonköpfe enthalten sind. Es handelt sich meist um auswechselbare Baugruppen, um das Gerät mit wenigen Handgriffen auf verschiedene Arten des Betriebes (beispielsweise Zweispur- oder Vierspurbetrieb) umbauen zu können.

Kopiereffekt

Der Kopiereffekt ist ein ganz besonderes Phänomen, das bei Bandaufnahmen auftreten kann. Jedes bespielte Tonband enthält einen magnetisierten Bereich, von dem immer auch magnetische Kraftlinien ausgehen, wenn auch nur in einer sehr geringen Stärke. Befinden sich bei einem Tonband mehrere Lagen von magnetisierten Tonbandschichten direkt übereinander auf einer Bandspule, so kann es zu einer gegenseitigen Beeinflussung der Magnetschichten auf den einzelnen Lagen des Tonbandes kommen. Vor allem für längere Zeit gelagerte Tonbänder können diesen Effekt aufweisen, besonders bei Tonbändern mit sehr dünnen Trägermaterialien. Der Kopiereffekt macht sich akustisch bemerkbar als eine Art Echo, das vor und nach der eigentlichen Aufnahme zu hören sein kann. Besonders häufig macht sich dieser Effekt an relativ leisen oder sogar stillen Bandstellen zwischen zwei Musikstücken auf einem Tonband bemerkbar. Noch bevor das (nächste) eigentliche Musikstück beginnt, hört man dann dessen Anfang in sehr leiser Form.

Langspielband

Das Langspielband ist ein Tonband mit einer mittleren Stärke, das etwa 50 Prozent mehr Bandmaterial enthält als ein herkömmliches

Standardband, natürlich bei gleicher Spulengröße. Dementsprechend höher ist auch die maximale Aufnahmezeit bzw. Spielzeit.

Löschkopf

Der Löschkopf wird zur (Hochfrequenz-) Vormagnetisierung eines Tonbandes während der Aufnahme benötigt. Er überträgt die durch eine Elektronik erzeugte Hochfrequenz auf das Band, bevor es mit dem Audiosignal bespielt wird. Einige billige Kassettengeräte besitzen auch einen Löschkopf mit einem Permanentmagneten.

Low-Noise

Low-Noise ist ein in der Technik verwendeter Begriff, der für einen niedrigen Störpegel bei Tonbändern verwendet wurde. In der Regel wurde dieser Begriff zur Kennzeichnung von Tonbändern eingesetzt, die ein nur sehr geringes Grundrauschen aufweisen. Technisch wird diese Verringerung des Störgeräusches erreicht durch eine noch feinere Ausführung des Eisenoxids auf dem Trägermaterial eines Tonbandes.

Magisches Auge, Magisches Band

Das Magische Auge oder auch Magische Band ist eine spezielle Form der Elektronenröhre, die in verschiedenen elektronischen Geräten als Anzeigekontrolle eingesetzt wurde. In einem Tonbandgerät dient eine solche Einrichtung dazu, den Aufnahmepegel anzuzeigen und eine optimale Aussteuerung der jeweiligen Aufnahme zu ermöglichen.

Magisches Band in einem Röhrenradio

Auch andere Geräte wie Radios (siehe Abbildung) und zum Teil sogar Fernsehgeräte wurden früher mit solchen Anzeigeröhren wie Magischen Bändern oder Magischen Augen (hier oft als Hilfe zur optimalen Senderabstimmung) ausgestattet.

Magnetisierung

Wenn man von der Magnetisierung spricht, ist damit die Einwirkung des magnetischen Feldes auf das jeweilige Bandmaterial gemeint. Die Magnetisierung wird benötigt, um das Bandmaterial mit der jeweiligen Aufnahme zu bespielen.

Mehrspuraufzeichnung

Die Mehrspuraufzeichnung ist nichts anderes als das Bespielen eines Tonbandes mit mehreren Spuren. Dabei kann dieser Vorgang sowohl zeitgleich als auch zeitlich versetzt durchgeführt werden. Ein Beispiel für eine zeitgleiche Mehrspuraufzeichnung ist eine Stereoaufnahme, eine zeitlich versetzte Mehrspuraufzeichnung findet in einem Vierpur-Mono-Tonbandgerät (oder in einem entsprechend ausgestatteten Stereo-Tonbandgerät) statt, wenn für die jeweilige

Laufrichtung des Bandes zwei Monospuren nacheinander
aufgezeichnet werden.

Multiplay

Der Begriff Multiplay steht für eine spezielle Technik, mit deren Hilfe
auf einer zweiten Spur des Bandes eine bereits auf der Erstspur
vorhandene Aufnahme mit einer neuen Aufnahme gemischt
aufgezeichnet wird. Es finden also zwei Vorgänge gleichzeitig statt,
nämlich das Überspielen einer Aufnahme auf eine andere Spur bei
gleichzeitiger Aufnahme eines neuen Eingangssignals, die ebenfalls
auf die neue Spur erfolgt. Früher wurde diese Technik sehr gerne
eingesetzt, um zum Beispiel ein Instrument auf eine Spur eines
Tonbandes aufzuzeichnen, um dieser Aufnahme später ein zweites
Instrument oder auch eine Gesangsstimme hinzuzufügen und die
Musikaufnahme auf diese Weise zu vervollständigen. Durch das
Überspielen gibt es aber auch Kopierverluste in der Klangqualität.

Niederfrequenz, NF

Als Niederfrequenz (Kurzform NF) wird ein Frequenzbereich
unterhalb von etwa 20.000 Hertz bezeichnet. Im weitesten Sinne
handelt es sich also um den noch hörbaren Tonbereich, den auch ein
Tonbandgerät aufnehmen oder wiedergeben kann.

Pegel

Der Pegel steht als Begriff innerhalb der Tonbandtechnik meist für
den sogenannten Aufnahmepegel. Es handelt sich um die
Signalstärke, mit der das Tonband während einer Aufnahme
magnetisiert wird. Auf der elektrischen Seite handelt es sich um die
Spannung bzw. Stromwerte, die sich auf einen bestimmten
Normalpegel beziehen.

Quietschen

Das unangenehme Quietschen kann an einem Tonband dann
entstehen, wenn das Bandmaterial aufgrund der Alterung oder der
langfristigen Einwirkung von ungünstigen Umgebungsbedingungen
nicht mehr genügend gleitfähig ist, um ohne Geräusche an den
Bandführungen eines Tonbandgerätes vorbeizulaufen. Es handelt
sich technisch gesehen um sogenannte Längsschwingungen, deren
Frequenzen sogar unter ungünstigen Umständen mit auf das Band
aufgezeichnet werden können, wenn das Quietschen während der
Aufnahme eines Bandes entsteht und die Schwingungen so mit auf
das Tonband gelangen.

Rauschen

Das Rauschen ist in der Tonbandtechnik wie das Quietschen sehr
unbeliebt. Es handelt sich hierbei um nichts anderes als um
Störspannungen in Form eines Frequenzgemisches. Entstehen kann
das Rauschen sowohl durch einen Verstärker als auch durch das
Bandmaterial und dessen (Vor-) Magnetisierung.

Radioanschluss

Viele alte Tonbandgeräte besitzen einen Radioanschluss als einen der
wichtigsten Anschlüsse zur Verbindung des Gerätes mit externen
Audioquellen oder zur Verwendung eines Radiogerätes als
Wiedergabeverstärker. Er funktioniert also in beide Richtungen,
nämlich für die Aufzeichnung von Audiosignalen auf das Tonband,
ebenso aber auch für die Wiedergabe eines bereits bespielten
Bandes über einen externen Verstärker, der beispielsweise in einem
Radiogerät enthalten sein kann.

Schaltband, Schaltfolie

Ein Schaltband oder auch eine sogenannte Schaltfolie ist eine spezielle Vorrichtung an einem Tonband, die mit einer elektrisch leitfähigen Schicht versehen ist. Sie dient dazu, einen Kontakt innerhalb der Bandführungen auszulösen, um das Band an der gewünschten Stelle zu stoppen. Meist wird es am Anfang bzw. am Ende eines Tonbandes verwendet.

Schlupf

Der Schlupf entsteht in einem Tonbandgerät dann, wenn die Andruckrolle nicht mehr mit einer ausreichenden Stärke gegen die Tonachse gedrückt wird. In diesem Fall findet kein gleichmäßiger Bandtransport mehr statt und es kommt zu einem Jaulen, das sich grade bei Musikaufnahmen unangenehm bemerkbar macht.

Schnellstopp

Der Schnellstopp dient dazu, den Bandtransport während der Aufnahme oder Wiedergabe kurzzeitig zu stoppen. In der Regel wird dabei die Andruckrolle von der Tonachse mechanisch getrennt. Der Verstärkerteil sowohl für die Aufnahme als auch für die Wiedergabe wird beim Schnellstopp allerdings nicht abgeschaltet, ebenso wenig die Tonköpfe, die in der Regel aktiviert bleiben.

Spaltmaß

Das Spaltmaß ist ein bestimmter Bereich in einem Tonkopf oder genauer gesagt in dem darin enthaltenen Eisenkern. Es handelt sich um eine Art Unterbrechung und um einen Bereich zwischen den Enden eines nicht geschlossenen Eisenkerns, aus dem die magnetischen Feldlinien während der Aufnahme austreten oder in dem die Feldlinien während einer Wiedergabe eines Bandes eintreten können. Der Spalt ist immer dem Bandmaterial zugewandt. Das Spaltmaß bezeichnet dabei nichts anderes als die Größe bzw. Breite dieses Magnetspaltes im Eisenkern im Bereich weniger Millimeterbruchteile.

Spurbreite

Die Spur ist in der Tonbandtechnik der aufzunehmende Bereich eines Tonbandes, die Spurbreite dementsprechend die Breite dieses Bereiches. Handelt es sich um eine Vollspur, so wird das Band in seiner gesamten Breite (ca. 6,3 Millimeter) während einer Aufzeichnung oder der Wiedergabe verwendet. Bei Halbspur ist es nur ein Bereich zwischen 2,0 und 2,4 Millimeter pro Spur und bei der Viertelspur beträgt die Spurbreite nur noch etwa 1,0 Millimeter.

Spurlage

Hierbei handelt es sich um die international genormte Lage der Tonspuren und deren Lage auf einem Tonband. Handelt es sich um ein Gerät mit Halbspur, so wird zunächst die obere Hälfte des Bandes in der jeweiligen Laufrichtung bespielt. Wird das Band herumgedreht, so befindet sich die zweite Spur oben, die nun in der entgegengesetzten Laufrichtung bespielt wird. Die genormte Spurlage oder auch internationale Spurlage wurde erst einige Jahre nach der Entwicklung der Tonbandtechnik eingeführt, um eine einheitliche Aufzeichnung zu gewährleisten.

Störspannungsabstand

Der Störspannungsabstand ist das in Dezibel angegebene Verhältnis zwischen einem auf das Tonband aufgezeichneten Tonsignal und einem Störsignal wie beispielsweise einem Grundrauschen, das sich nicht vollständig vermeiden lässt.

Tonband(gerät)

Ein Audiorekorder zur analogen Aufzeichnung von Klängen, Sprache und Musik auf speziell dazu magnetisch beschichteten Tonbändern. Heute werden zu diesem Zweck fast ausschließlich digitale Audiorekorder oder Smartphones verwendet. Die Speicherung findet dann auf digitalen Speichermedien wie Mikrochips statt.

Tonfrequenz

Die Tonfrequenzen sind die Frequenzbereiche im hörbaren bzw. durch Tonbandgeräte aufzuzeichnenden und wiederzugebenden Frequenzbereich. Der von den Geräten verarbeitete Frequenzbereich ist dabei unter anderem abhängig von der Qualität des Tonbandgerätes und natürlich von der Qualität des zur Aufzeichnung verwendeten Bandmaterials.

Tonkopf

Der Aufnahmekopf und der Wiedergabekopf werden im Allgemeinen so bezeichnet. Auch der Kombikopf in Tonbandgeräten mit nur zwei Köpfen (Ton- und Löschkopf) wird oft nur Tonkopf genannt.

Transformator

Der Transformator ist ein elektrisches Bauteil, das zum Umwandeln von hohen Spannungen in niedrige oder umgekehrt verwendet wird. Ebenso kann es aber auch als sogenannter Impedanzwandler eingesetzt werden, beispielsweise als NF-Übertrager im Verstärkerteil von Röhrenverstärkern in Tonband- oder Radiogeräten.

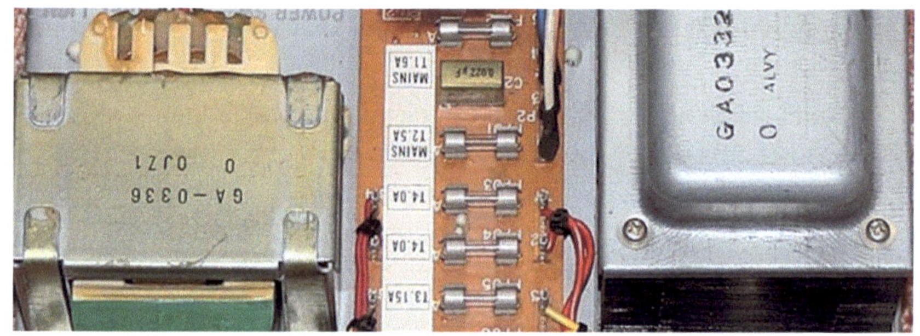

Mehrere Transformatoren in einem Netzteil

Tricktaste

Die Tricktaste ist eine besondere Einrichtung, die schon einige sehr alte Tonbandgeräte besitzen. Mithilfe dieser Taste können bereits bestehende Aufnahmen auf Tonbändern durch nachträgliche Audiosignale ergänzt werden. So ist es zum Beispiel möglich, ein Band mit einer Musikuntermalung nachträglich mit Gesang oder Sprache zu versehen, ohne dabei die bereits bestehende Aufnahme zu löschen. Der Löschkopf bleibt während der Aufnahme bei Betätigung der Tricktaste also ausgeschaltet.

Verstärker

Ohne Verstärker funktioniert kein Tonbandgerät. Es handelt sich um eine unverzichtbare Baugruppe, mit deren Hilfe Audiosignale verstärkt werden. Dies kann in der einen Richtung während der Aufnahme oder in der anderen Richtung während der Wiedergabe eines Bandes geschehen. Der Verstärker wird also benötigt, um ein Eingangssignal (zum Beispiel aus einem Mikrofon) zur Magnetisierung des Tonbandes aufzubereiten und dafür, um das vom Tonkopf bereitgestellte Signal zur Wiedergabe über einen Kopfhörer oder Lautsprecher ausreichend in seiner Signalstärke aufzubereiten.

Viertelspur

Die Viertelspur ist in der Tonbandtechnik ein spezielles
Aufzeichnungsverfahren, bei dem pro Laufrichtung immer zwei
Spuren nacheinander oder gleichzeitig aufgenommen und später
wiedergegeben werden können. Eingeführt wurde die Viertelspur,
um Stereoaufnahmen in den beiden Laufrichtungen eines Tonbandes
zu ermöglichen und um die Spielzeit des Tonbandes durch die
Nutzung der auf jeder Seite vorhandenen zwei Spuren zu verdoppeln,
was auch die meisten Vierspur-Stereotonbandgeräte möglich
machen.

Spurumschalter an einem Tonbandgerät

Vollspur

Die Vollspur ist das älteste Aufzeichnungsverfahren, bei dem die volle Breite des Tonbandes in einem einzigen Durchgang aufgenommen oder abgespielt wird. Zum Einsatz kommt dieses Verfahren noch bei anderen Aufzeichnungsdaten, unter anderem auch bei der Videoaufzeichnung oder Datenspeicherung auf Magnetband.

Vorbandkontrolle

Im Gegensatz zur Hinterbandkontrolle wird hier das Audiosignal häufig mithilfe eines Kopfhörers kontrolliert, noch bevor es auf das Band gelangt. Oft wird diese Technik bei einfacher ausgestatteten Tonbandgeräten verwendet, um die Aufnahme einzupegeln oder zu kontrollieren.

Vorlaufband, Vorspannband

Das Vorlaufband oder auch Vorspannband ist ein Teil des Tonbandes, der nicht mit einer Magnetschicht versehen ist und lediglich dazu dient, das eigentliche Tonband beim Einfädeln zu schützen. Es gibt das Vorlaufband bzw. Vorspannband in verschiedenen Farben, in den meisten Fällen wird die Farbe Grün für die Seite 1 des Tonbandes verwendet, rotes Vorspannband dagegen für die Seite 2 (quasi auf der B-Seite in Rücklaufrichtung). Vereinzelt werden auch noch andere Farben für das Vorlaufband verwendet.

Vormagnetisierung

Siehe Begriffserklärung Hochfrequenz-Vormagnetisierung

VU-Meter

Das VU-Meter ist das Aussteuerungsinstrument in Tonbandgeräten, das bei besonders hochwertigen Ausführungen der Geräte mit Dezibelwerten versehen und geeicht ist. Der untere Bereich der Skala ist mit Minuswerten versehen, während der Bereich mit der optimalen Aussparung eines Tonbandes in einem Dezibelwert von Null liegt. Findet ein Ausschlag des Zeigerinstrumentes in den positiven Bereich statt, der meist rot gekennzeichnet wurde, ist die Aussteuerung der Aufnahme in der Regel schon zu hoch. Lediglich gelegentliche Ausschläge in den roten Bereich können während der Aufnahme eines Bandes meist toleriert werden.

Wickelmotor

Etwas einfacher ausgestattete Tonbandgeräte besitzen in der Regel nur einen einzigen Motor, der für den Antrieb des gesamten Laufwerks verwendet wird. Tonbandgeräte, die oft auch als 3-Motor-Maschinen bezeichnet werden, besitzen dagegen drei Motoren, von denen einer für den eigentlichen Bandtransport mithilfe des Capstans eingebaut wurde, während die beiden Wickelmotoren den Antrieb der Wickelteller übernehmen.

Wiedergabekopf

Dies ist der Tonkopf in einem Tonbandgerät, der bei der Wiedergabe die Magnetisierung des Tonbandes wieder in elektrische Signale umwandelt, die dann dem Wiedergabeverstärker und schließlich den Lautsprechern oder einem Kopfhörer zugeführt werden. Oft wird der ausschließlich in Tonbandgeräten mit drei Köpfen eingesetzte Wiedergabekopf so bezeichnet. Ein sowohl für die Aufnahme als auch für die Wiedergabe verwendeter Tonkopf wird oft auch als Kombikopf bezeichnet.

Wiedergabeverstärker

Dieser Verstärker verstärkt das vom Tonkopf bzw. Wiedergabekopf
kommende Signal in Form von kleinen Wechselströmen soweit, dass
es einem externen Verstärker oder den im Tonbandgerät
eingebauten Verstärkerteil für die Wiedergabe über einen Kopfhörer
oder Lautsprecher zugeführt werden kann.

Zoll

Die Breite des in Tonbandgeräten oder Videogeräten eingesetzten
Bandmaterials wird meist in Zoll angegeben. Herkömmliche
Tonbandgeräte verwenden Bandmaterial mit einer Breite von einem
Viertelzoll. Kassettengeräte verwenden noch schmaleres
Bandmaterial, Videogeräte dagegen meistens Bänder mit einer Breite
von einem halben Zoll.

Stichwortverzeichnis